牡丹

美人梅

月季

春兰

大花蕙兰

水仙

大理菊

菊花

杜鹃

红山茶

荷花

金桂

白玉兰

凤凰木

洋紫荆

桃花

白兰花

刺桐花

木棉

垂丝海棠

紫薇

含笑

玫瑰

丁香

茉莉

木芙蓉

石榴

迎春花

琼花荚蒾

金银花

栀子

紫荆

黄刺玫

红花檵木

金边瑞香

叶子花

蜡梅   大丽花

君子兰　　　　　　　　　　　　　芍药

小丽花

仙客来

中国市花

哀建国　管康林　编著

中国农业出版社

作者简介

哀建国　副教授，博士，1968 年 11 月生，浙江海宁人。毕业于中国林业科学研究院森林培育专业。中国林学会会员，浙江省植物学会会员。承担园林树木学、植物资源开发与利用、植物学、种子植物分类学与景观生态学的教学工作，并从事植物资源开发与利用、植物景观规划设计和植被生态学研究。先后主持浙江省科技厅重大专项、浙江省自然科学基金、浙江省教育厅、上海市林业总站、义乌市林业局等资助项目 14 项，参与国家自然科学基金、浙江省自然科学基金重大项目等多个国家级、省部级课题的研究。发表论文 25 篇，参编《天目山植物志》等专著 2 部，参加国内外学术会议 6 次。

管康林　生物学教授，男，1935 年 11 月生，浙江省台州人。1960 年毕业于北京大学生物系植物生理学专业，先后在中国科学院植物研究所和昆明植物研究所从事呼吸代谢基础和农林生物学应用研究达 21 年之久。1981 年 8 月后任教于浙江林学院（现浙江农林大学），承担植物生理学与生物化学等课程的教学任务，并从事种子生理学和发育生理研究。曾任林学系副主任、植物生理生化教研室主任、院学术委员等职，兼任浙江省植物生理学会常务理事和国家自然科学基金生命科学项目申请课题的专业评议专家。具有广博的生物、农林科学的基础知识与实践经验。发表农林生物各类论文 70 多篇，获省、部级科技进步奖多项。主要著作有《生物农林科学通论》、《种子生理生态学》、《世上最美的 100 种花》和《自然吟》诗集。业余爱好养花与写诗。

前　言

　　市花是城市形象的一个重要标志。一座城市的市花正是从一个独到的角度对这座城市进行一次美丽的诠释，是一座城市人文景观、文化底蕴和精神风貌的良好体现，是一座现代化城市不失温馨、讲究人性化的美好情感的流露。市花的评选是人与自然的和谐统一，她加深了人们热爱自然、美化环境、热爱家乡的情感，对提升城市知名度、提高市民文化素养具有重要意义。

　　市花——作为一个城市的象征性花卉，每个城市确定市花的过程都是经过系统的调查研究的。但是，由于每个城市的花卉文化及城市本身的历史背景的不同，各个城市的市花评选标准存在着差异，然而，总的原则是一致的，就是市花必须能很好地表现城市特色，反映城市文化、历史，体现市民意志，能很好地激励和鼓舞人们的斗志。

　　本书分各市市花由来与史料（上篇）、市花植物学特性与栽培及观赏（中篇）、中国待定国花及四季花（下篇）三部分。上篇所编录的 45 种作为市花的花卉中，有 35 种花卉我们通过各类有效途径搜集并整理了史料与依据，但是仍有 9 种花卉（桃花、天女木兰、白兰花、含笑、杏花、紫荆、蜡梅、鸡蛋花、仙客来）由于没有权威的书面记录它们作为市花的事实，我们无法进行有效考证，只能通过一些特殊途径了解相关信息，包括通过查阅相关地区的"地方志"以及在民间的口口相传中寻找依据。自新中国成立以来，我国城市第一次进行系统的市花评选活动的时间主要集中于 20 世纪七八十年代，随着我国经历了经济、文化等各方面的快速发展，很多城市经历了合并与拆分的过程，导致一部分城市市花确定的具体时间无法考证。值得指出，各地市花自确定以来，大多能重视市花的形象，其文化、商品产业开发得也好，但是，有些市花形象由于某些原因出现衰退。我们希望通过此书的出版，相关城市能够受到激励，迎头赶上。另外，我国台湾省由于政治体制的特殊性，各城市的市花具体确定时间和依据也无法得到有效的考证。

中篇分别对市花中牡丹等十大传统名花、白玉兰等12种乔木类名花、玫瑰等17种灌木类名花和百合等7种草木类名花的植物学特性与栽培技术、观赏与应用进行了阐述。中国国花至今还未确定，下篇就对牡丹和梅花国花之争的文化历史背景，发表了作者的观点，并表明了赞成双国花的态度。同时，对四季花进行了讨论与正名。

本书应中国农业出版社徐建华先生有约而写，在此表示谢忱！本书参考了《中国市花的故事》（张壮年等，2009）、《世上最美的100种花》（管康林等，2010）等相关书籍，所用照片除作者外，多数由浙江农林大学李根有教授拍摄，书中插图引自《中国市花的故事》。但是，本书的市花史料有其全新的搜索，而国花和四季花的讨论也有新观点。在本书的写作过程中还得到了浙江农林大学陈敬凯、陈年年等的大力帮助，在此表示感谢。

限于作者水平，难免有错误和欠妥之处，希读者批评指正，以供今后修改。

作 者

2011 年 12 月

目 录

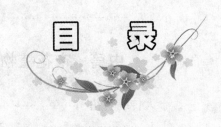

前言

上篇 总论：各市市花由来与史料

中篇 市花植物学特性与栽培及观赏

下篇　中国待定国花及四季花

上篇　总论：

各市市花由来与史料

市花是一个城市的象征和标志。我国现在有 160 多个城市有法定市花，涵盖 40 多种花卉。

牡丹 （*Paeonia suffruticosa*）

选牡丹作为市花的城市有河南洛阳，山东菏泽，四川彭州，安徽铜陵。

➢ 市花的史料与依据

洛阳：
1982 年，洛阳市人大常委会正式将牡丹定为市花。

洛阳种植牡丹始于隋朝，隋炀帝在洛阳建西苑时就有。到了唐朝，长安、洛阳一带，朝野牡丹园甚多。关于武则天贬牡丹至洛阳，虽然只是一个有趣的民间传说，却道出了洛阳牡丹之盛。北宋文人欧阳修在洛阳为官时，写有一部《洛阳牡丹记》，介绍了当时的"姚黄"、"魏紫"牡丹花品种，并赋诗："洛阳牡丹名品多，自谓天下无能过"，自此洛阳牡丹甲天下延续至今。

自 1983 年起，洛阳人按照历史习惯年年 4 月 15～25 日举办牡丹花会，并且成立了专门的"洛阳市牡丹协会"和牡丹研究室。2010 年的第 28 届洛阳牡丹花会盛况空前。现在，洛阳牡丹收集品种多达 1036 种，种植面积达万余亩①，建起了国家牡丹基因库，成为我国最大的牡丹园游览胜地。由此可见，选定牡丹为洛阳市花是相当符合牡丹在洛阳的发展趋势的。

菏泽：
1982 年，山东省政府拨专款，建设曹州牡丹园、古今园、百花园，并扶持牡丹生产。菏泽市政府随即把牡丹定为市花，并决定每年举办牡丹花会，同时将一个主要的产地命名为牡丹区。菏泽亦有"中国牡丹之乡"之称。

菏泽市牡丹栽培历史悠久，菏泽古称曹州，早在宋时已有栽种牡丹，时至明代已负盛名。当前，菏泽市牡丹种植面积已达 5 万多亩，品种多至 600 余个。随着市场经济体制的建立，菏泽成立了牡丹研究所、天下第一香学会、研

---

① 亩为非法定计量单位，1 亩＝667 米²，全书同。——编者注

究会，通过系统研究开发，利用牡丹资源服务于当地的经济建设。自 1992 年起，菏泽市举办了"以花为媒、广交朋友、文化搭台、经贸唱戏、开发旅游、振兴经济"为宗旨的"菏泽国际牡丹花节"，至今已成功举办了 18 届，是继洛阳牡丹花会后的全国第二大牡丹花会。牡丹产业已成为一方经济的支柱产业，花随人意，四季常开，美化和融入了人们的生活，并远销世界 20 多个国家和地区。牡丹已成为菏泽人的骄傲，并为菏泽的经济发展开辟了广阔的前景。目前菏泽牡丹有黑、红、黄九大色系、1053 个品种获得国家质检总局源产地标记注册认证。

彭州：

1985 年，经全市人民推荐命名牡丹为彭州市花。

在彭州丹景山和彭州园，每年清明节前后，都要举行规模盛大、品种繁多的彭州牡丹花会。彭州种牡丹始于唐代，迄今已有上千年历史。彭州牡丹别具特色，尤以花大瓣多、面可盈尺、郁郁清香、繁丽动人，深受人们喜爱。唐代诗人陆游在"天彭牡丹谱"中称："牡丹在中州，洛阳为第一，在蜀，天彭为第一。"杜甫慕名天彭牡丹，专程来观赏，怎奈被水阻于中途，只得怅然而返，留下《天彭看牡丹阻水》诗。民间赏花的风俗，从唐代已很盛行。

每当春暖花开，丹景山上的牡丹园，牛心山下的古花村，都有四方游客聚花竞胜，登高眺望，灿若锦堆。特别是州城西郊的花街（今丽春镇），每年清明时节，都要举行一次牡丹赏花会，摆出牡丹花供人观赏品评。场内张灯结彩，载歌载舞，游人如云。

彭州牡丹在明末清初，由于战乱频繁而衰败。新中国成立后，天彭牡丹重获生机。近年来，更从山东菏泽、河南洛阳等地引进了大批种苗，全市目前牡丹种植面积已达 390 多亩，总苗数已过 200 万株。彭州牡丹的品种极为丰富，1997 年参展的已达 200 多万株。其中，红色花有丹景红、大叶红、西瓜瓢、种生红、火炼金丹、石榴红等 64 个品种；紫色花有五州红、藏枝红、竹吟球紫红争艳等 42 个品种；粉色花有舍腰楼、客满面、鲁粉、冰棱子、桃花红等 28 个品种；白色花有白鹤卧雪等 5 个品种；黄色花有桃黄娇客三变等 3 个品种；绿色花有豆绿（欧碧）、三变玉、绿绣球等 3 个品种；蓝色花有迟蓝、专心蓝、雨后风光、冰兰罩玉等 22 个品种。

彭州有如此丰富多彩、千姿百态的牡丹花，真可谓"牡丹之乡"。从改革开放到 1998 年，彭州牡丹花会已举办了 14 届。赏花者络绎不绝，满山遍野，热闹非凡，蔚为壮观。

铜陵：

1989 年 2 月 28 日，安徽省铜陵市第十届人大常委会第八次会议听取和审议了铜陵市人民政府《关于请求审定市树、市花的报告》，决定泡桐、广玉兰为市树，牡丹、桂花为市花。据《铜陵县志》记载，铜陵栽培牡丹已有 1600多年历史。铜陵牡丹为我国特有的花卉和药用植物栽种而闻名。现有品种几百个，分属中原牡丹、紫斑牡丹和江南牡丹三大类。铜陵牡丹属江南品种群。其根皮入药具镇痛、解热、抗过敏、消炎、免疫等作用，经检测，丹皮所含的化学成分有芍药苷、丹皮苷、丹皮多糖、苯甲酸、甾醇、挥发油等，其中丹皮酚含量高低是检验丹皮品质优劣的主要指标。《中药大辞典》记载着：安徽省铜陵凤凰山所产丹皮质量最佳。据考，在明崇祯年间凤凰山地的牡丹生产发展到相当规模，已成为全国著名的丹皮生产地，而今铜陵牡丹丹皮的年产量在1000 吨左右。

据新近报道，铜陵市牡丹开发研究中心成立，占地 4000 多亩，建于铜陵凤凰山区。开发研究项目包括：①收集整理江南牡丹品种，并优先发展；②发展鲜切花及催花业务；③培育新品种；④发展风丹小苗；⑤建立牡丹观赏园。由此可见，铜陵传统牡丹产业得到进一步综合开发。

梅花（*Prunus mume*）

选梅花为市花的城市有江苏南京、无锡、泰州，湖北武汉、丹江口、鄂州，广东梅州，安徽淮北，台湾南投。

➤ 市花的史料与依据

南京：

1982 年 4 月 19 日南京市第八届人大常委会第八次会议讨论决定，确定梅花为南京市市花。

南京有梅园新村、梅花山等富有历史意义的梅花胜地。梅花具有与雪松相似的经受风雪严寒考验的品格。早春二月，大地尚未完全复苏，梅花绽放，最早迎接春天的到来。南京人赏梅、爱梅，梅花与雪松作为南京的市花、市树可谓珠联璧合。

南京植梅盛自六朝，明、清对梅花的记述众多。新中国成立后，南京植梅更为普及。据 1982 年统计，全市露地植梅 9000 余株。1983 年，举办南京首次梅花展览会，此后，每年早春皆有梅展举行。南京还在市花市树选出后，将两条主干路更名为"梅花路"和"雪松路"以此来宣扬市花市树。1992 年 2 月 25 日至 3 月 25 日，南京市人民政府联合中国花卉协会梅花腊梅分会共同主办了国际梅花展览会。

新时期的南京人民对梅花更是钟爱有加，并逐步推向国内外，南京国际梅花节已举办了近 20 个年头，成为南京市走向世界的一大舞台。

梅州：

1993 年，梅花被梅州市人民评选为梅州市市花。

广东梅州自古就多植梅花，地名就由梅花而来。古时梅江两岸遍地皆梅花，被誉为"十里梅溪"。现在梅州仍保留有许多百年以上的古梅树。梅州人爱梅花，最爱的是梅花质朴无华的气质和坚忍不拔的品格，它体现了客家先民南迁时披荆斩棘、忍辱负重、不怕挫折、艰苦奋斗的精神。所以，梅州人选梅花为市花有着深远的寓意。

梅花作为梅州市市花，被民间作为传春报喜的吉祥象征，亦代表梅州客家人梅花香自苦寒来的坚毅进取精神。

武汉：

1984 年 2 月 18 日，武汉市人大常委会第七次会议通过以梅花作为武汉市市花的决议。

武汉植梅的历史悠久，早在唐代，黄鹤楼附近即有梅林。隋唐以后，武汉地区更是普遍栽种梅花，可以赏梅之处颇多。如汉阳怡园十景中的"曲登古梅"、凤凰山的"梅岩"、中山公园的"梅花长廊"、解放公园的"梅花岭"。南宋时期，武汉一带居民栽培梅花已很盛行。明清时，武汉黄鹤楼、卓刀泉、梅子山都是赏梅的佳处。以前洪山一带一直有种植梅花的民间习俗，称为"瓶插梅花迎新春"。

如今，东湖磨山的梅花品种已达百余，其中有不少品种如"骨红照水"、"白须朱砂"，堪称稀世珍品。每逢梅花盛开，世人争先恐后，尽情欣赏。

淮北：

1995 年 3 月 13 日，淮北市第十一届人民代表大会第 16 次会议通过了梅花为淮北市市花的决议。

在梅花定为淮北市的市花后，市建委园林局积极响应市委、市人大、市政府的号召，认真宣传、贯彻、执行市人大常委会的决定，积极开展栽植、推广市树市花活动，1997 年在相山公园内开辟市树市花园，其中栽植梅花 200 余株，在市区其他的公园广场、主要道路大面积栽植市树市花，使市花在淮北市得到推广和普及。每逢春节，淮北市民们必不可缺的活动就是去相山公园欣赏美丽的梅花。

无锡：

无锡自明清以来，市民庭园喜种梅花，但以果梅为主。现存的无锡梅园始建于 1912 年，原为荣氏私家园林。解放后，梅园进行扩大，现占地 81 亩，种植梅树达 4000 多株，盆梅 2000 多盆，收集品种 50 多个，成为我国江南四大梅园之一，是赏梅的旅游胜地。

 # 月季 （*Rose chinensis*）

选月季为市花的城市有北京，天津，河北石家庄、邯郸，河南郑州、焦作、商丘、开封、信阳、平顶山、驻马店，安徽安庆、阜阳，山东青岛、威海，湖北宜昌、沙市、荆州，湖南衡阳，江西南昌、鹰潭，辽宁大连、辽阳、锦州，四川德阳，陕西咸阳，山西长治，江苏常州、淮阴、泰州等 50 多个，因此，月季堪称市花之冠。

➢ 市花的史料与依据

北京：

1987 年 3 月 12 日北京市第八届人民代表大会第六次会议正式通过月季为北京市市花。

北京是第一个让月季夺得市花桂冠的城市。虽然月季并不是老北京人早已栽培欣赏的花卉，但由于迅速发展的城市建设及国门的对外开放，月季成为绿化街道、立交桥及民区不可缺少的常开不败的最好植被。月季在北京的怒放，显示出中华民族繁荣富强的精神面貌。更何况，当今开遍全世界每个角落的月季花的血液里，还流着中国古老月季的基因。

公元前 413 年的春秋末期，孔子在周游列国时，就曾对当时王宫的花园中栽培的月季作过记述。中国是月季的原产地，月季作为首都的市花是有一定代表性的。北京市自 2009 年开始每年 5～6 月间在北京植物园举办"北京市月季文化节"，展出品种鲜艳夺目，深受广大市民喜爱。

天津：

1984 年，根据市民评选结果，经天津市园林局、园林学会推荐，天津市十届人大常委会十六次会议批准将月季定为天津市市花。

天津素称"月季之乡"，月季栽培历史悠久，南运河、子牙河沿岸是重要产区。天津市经 30 多年栽培研究，筛选出适合本市种植的 30 多个品种、59 万株月季种植到南京路、卫国道、卫津路、解放南路等道路及市内公园，并从山东、河南、云南等地引进大花、丰花、切花、藤本月季花品种，以供市民观赏。月季花绚丽多彩，馥郁芬芳，且四季花开不断，深受市民喜爱。1991 年统计全市栽植月季达 187.77 万株，约 600 个品种，有月季园 7 处，月季路 8 条，集成津门十景之一的"中环彩练"。1991 年天津市人民政府决定举办市花节——"天津月季花节"。

1984 年将月季定为市花以后，天津的月季生产和栽培有了很大的发展，遍及市内街头绿地。每到 5 月月季花盛开的时候，观花、赏花、评花成为天津居民的一项重要活动。天津市政府于 1991 年 5 月 26 日至 6 月 9 日举办了首届月季花节，确定"和平、友谊、繁荣、发展"作为首届月季花节的主题。以期以花为媒，联络四方，广招宾客，融美化城市、旅游观光、贸易往来为一体，把文化交流同经济交流紧密结合起来，使月季花节成为一个既有地方特色又富时代精神的市容美化节、市民欢乐节和国际旅游节。我们可以从中看出，月季作为天津市市花当之无愧。

常州：

1983 年，常州市人大常委会把月季定为常州市市花。

月季的花期可以从每年的 4 月初持续至 11 月末，可谓"此花无日不春风，一年长占四时春"。月季在常州有着悠久的历史和良好的群众基础，常州人对月季的喜爱由来已久，上世纪 80 年代至 90 年代中期，常州月季盛极一时，无论是街头巷尾、工厂学校还是居民阳台，满眼皆能见月季花的婀娜身姿。早在 1981 年，市区已有月季品种 353 个近 13 万株，1982 年 9 月，中央电视台向国内外广泛宣传了常州的月季普及盛景。1986 年 11 月在中国月季协会成立大会上，确定了常州与河南南阳、北京、沈阳、深圳五座城市，并列为全国五大月季中心。

自 1983 年 3 月确定月季为市花以来，常州市已成功举办了 16 届月季市花展。2008 年 4 月 28 日，常州市更是获得 2010 年中国第四届月季花展承办权。之后，经中国月季协会推荐，世界月季联合会 2008 年在德国巴登世界月季大会理事会上全票通过了将 2010 年的世界月季联合会区域性大会放在常州召开，并与第四届中国月季花展同期举行。

目前，常州花卉苗木种植面积超过 20 万亩，其中月季栽植面积过 1 500 亩，常州市园林部门已重新改建红梅公园为月季观赏园，并在该市筹建绿色资源保护基地月季母本园。今后，这两大基地将主要从事常州月季的保护、繁育和科研工作。志在重现上个世纪"常州月季，开遍全国各地"的壮举。

南昌：

1985 年 10 月，南昌市人大常委会八届十七次会议确定月季、金边瑞香为南昌市市花。

月季花成为英雄城南昌的市花以后，为突显市花月季在城市美化中的作用，南昌市结合城市实际，要求在适宜种植月季的绿地、空闲地和围墙周边广泛种植月季数百万株。直至 2010 年 9 月，南昌市已建成庐山南大道、滨江大道、八一大道、洪都大道、抚河路、北京路、站前路、洪城路共 8 条月季大道，同时采取普通月季与其他花灌木相结合，宿根草花与月季种植相结合方式，加强了司马庙立交、老福山立交、坛子口立交绿地、庐山南大道游园、福州路街心花园景点绿地的月季景观效果。

为了使市花真正深入人心，达到美化城市容貌，为市民构建更加美好的生活环境。南昌市还充分发动辖区单位、社会力量，在社区休闲广场、老居住区、各大专院校、机关庭院绿地大面积种植月季。此外，南昌市还选择了 50 个新建住宅小区和建设项目进行大规模月季种植。

由南昌市政府、中国花卉协会月季分会、江西省花卉协会主办的"首届中国·南昌（红谷滩）月季文化节"活动于 2011 年 9 月 28 日开幕，月季文化节的主题是"赏市花、爱南昌、庆城运"。在活动中，组委会邀请专业院校、科研单位、园林局、花卉协会的有关专家举办科普讲座，就市民在种养过程中遇到的困难和疑惑进行指导、解答。具体活动内容还包括：精品名品欣赏、月季文化展、月季发展论坛、月季摄影大赛、科普教育活动等，使市花月季深入民心，对推动"森林城乡、花园南昌"建设有着重要而深远的现实意义。

商丘:

为推进全市园林城市创建工作，根据商丘市人大常委会建议，2000 年 3 月商丘市建设委员会成立了"市树"、"市花"评选办公室。通过专家论证和广泛听取群众意见，向市政府呈报了关于推荐"国槐"为商丘市"市树"、"月季"为商丘市"市花"的建议。12 月 8 日，商丘市人大常委会第 20 次会议审议通过了市政府关于选定"国槐"为商丘市"市树"、"月季"为商丘市"市花"的意见。自此，月季正式成为商丘市市花。

月季花在商丘具有悠久的历史，是全市人民深爱的花卉。商丘到处可见月季的种植。鉴于市民们的喜爱，政府多次拨款立项，在主要街道建立花坛，近年，更是建立了以月季为主题的公园。

郑州:

1983 年 3 月 21 号，在郑州市第七届人民代表大会第三次会议上，月季花被确定为郑州市的市花。

在郑州市月季被广泛用于配置花坛、花带、花廊、花屏以及盆景、切花，观赏价值很高。其中，郑州市区的碧沙岗公园在是月季花种植较为集中的一个公园，目前全园种植有 200 多个品种、50 000 多株月季。郑州人对月季情有独钟，从商都算起，已有 3 000 多年的建城历史。郑州人经 3 000 多年的磨砺，性格与月季是兄弟：一样坚韧；心灵和月季是姊妹：一样美丽。因此，郑州民众选择了月季作为自己城市的名片和形象大使。

据郑州园林部门统计，上世纪 80 年代中后期，仅郑州市区内种植的月季品种就多达 800 多种，郑州市的月季科研存园品种更是达到了 1 000 多个品种，并形成了面积达 800 多亩的月季花繁育基地，郑州市月季花的种植达到了一个鼎盛期，郑州因此又被称为"月季城"。为了进一步发展市花月季，提升城市品味，满足广大群众美化和改善生活环境，实现人与自然和谐发展的迫切需要，2005 年郑州市举办首届中国月季展览会，并以此为契机加大市花月季在城市绿化中的应用力度，在城市建成区内种植多品种、多色彩的月季 200 万株，建成一批月季公园、月季庭院、月季小区，把中原路、航海路、建设路和大学路等主干道打造成色彩斑斓的月季路，努力打造月季花城，让市花月季成为郑州市一张亮丽的城市名片。

青岛：

1988 年 3 月 8 日，青岛市十届人大常委会二次会议召开。会议确定雪松为青岛市市树，月季为青岛市市花。

锦州：

1986 年 12 月 19 日锦州市第 9 届人大常委会 27 次会议决定将月季花定为市花。

安庆：

安徽省安庆市 1986 年 3 月 15 日召开的市第九届人大常委会第十五次会议，讨论通过了市人民政府《关于提请审定市树、市花的报告》，确定安庆市的市树为香樟树，市花为月季花。

兰花（*Cymbidum* spp.）

选兰花作为市花的城市有浙江绍兴，福建龙岩，贵州贵阳，云南保山，广东汕头，山东曲阜，河北保定，台湾宜兰。

➤ 市花的史料与依据

绍兴：

1984 年 1 月 22 日，绍兴市第一届人民代表大会常务委员会第二次会议通过决议，确定兰花为绍兴市市花。

绍兴是享有"兰城"之誉的古城，是中国现今发现最早的兰花产地。据记载，绍兴植兰花始于春秋战国时期，东晋大书法家王羲之就十分欣赏这里的兰花，邀请了当时社会名流在此聚会，并写下了被后世广为流传的不朽之作《兰亭集序》。我国现存最早的由东汉袁康、吴平撰写的地方志《越绝书》中也有："勾践种兰渚山"的记载。绍兴人酷爱兰花，家家户户都会养植数盆以供观赏。且绍兴兰花品种繁多，春、夏、秋、冬都有不同类型及品种开放。近年来又培育了不少新品种，养植后销往国内外。

1923 年出版的《兰蕙小史》是一本具有影响的兰史，作者吴恩元在编著此书前就结识了许多绍兴棠棣的兰农，在《兰蕙小史》中记录了绍兴棠棣兰农的种兰经验和发掘名贵品种的贡献，在记录的江、浙、沪 40 种兰花名贵品种中，绍兴县就占 26 种。无论绍兴人对于兰花，亦或兰花对于绍兴人都是不可或缺的，因此，绍兴人民选兰花作为市花是理所当然的。

贵阳：

1987 年 9 月，贵阳市七届人大常委会第三十五次会议根据市人民政府提请的关于贵阳市市花市树评选报告，颁布了《关于贵阳市市花市树的决定》，确定兰花为贵阳市市花。自此贵阳成为全国唯一把兰花作为市花的省会城市。

贵州省地处中亚热带，地形与水利条件极其适宜兰科植物的生长，据统计大概有兰科植物 71 属 206 种（变种），占到了全国 173 属的 41%，约 1240 种的 16.6%，是中国兰科植物的分布中心之一，其中春兰花色更加丰富，自然变异类型多，极具资源优势和特色，有"兰花天然博物馆"之称。贵阳市民喜爱兰花，并且热衷于种兰、养兰、赏兰，把大自然赋予山城的幽香之兰，选为市花亦当之无愧。

汕头：

1996 年汕头市在金凤花的基础上，决定再增选一种市花。经市民投票，从兰花和三角梅两个候选花种中推选出兰花作为另一种市花。1997 年 1 月，市政府确认兰花（指兰科兰属中墨兰、春兰、四季兰、寒兰、蕙兰等地生兰）与金凤花并列为汕头市市花。

汕头养兰历史悠久，兰花富有顽强生命力、高洁形态和深刻的文化内涵，代表特区人的精神风貌，是潮汕特产，品种多，与金凤花相映成趣。大潮汕的野生兰花资源十分丰富，尤其是秋兰和墨兰，其数量之多，分布之广在全国都可以算一个重要的兰区。

潮汕地区地处低纬度，属南亚热带季风气候，常年气候温和，热量丰富，光照充足，雨量充沛，十分适合兰花的生长和繁衍。大自然赋予潮汕地区养兰人天时、地利、人和，使养兰更具得天独厚的条件。古时兰花大多作为贡品和赠品，珍稀品种一直被视为无价之宝，曾经有桃姬换美人和寸叶换寸金的说法，目前株价在上万元。名贵兰花价高，但不宜炒作。

随着技术的逐渐成熟，以及相关部门的重视，目前汕头的兰花爱好者数以万计，兰友们经过近几年来的收集、培植，已拥有不少新、奇、特下山新品种，已具有一定的养兰层次。再加上与比邻的我国港、澳、台和日本、韩国等国家的兰花爱好者进行交易、交流和交换，已形成一定的市场。

保山：

2006 年 6 月 6 日，在"第三届中国·保山南方丝绸古道商贸旅游节暨 2006 年端阳花市"闭幕节上，保山市人民政府副市长宣布兰花被评选为保山市市花。同年 8 月 30 日，保山市人民代表大会常务委员会决定，确定兰花为保山市市花。

为扩大保山对外的影响和知名度，由保山市政府承办的"保山市市花"征集评选活动于 4 月 29 日至 5 月 25 日在当地举行，并拟定了兰花、梅花、杜鹃花、木棉花、石榴花 5 种花卉为候选花种。评选市花活动受到了当地市民的广泛关注，上万市民通过网络、手机、邮寄等方式投票。最终，在保山花市闭幕式数千名观众的见证下，历时近一月之久的保山市市花评选活动降下了帷幕，作为保山市特产的兰花当选。

保山素有兰城之美誉。兰花不但高雅脱俗，更因其超凡气质及喻意，而越来越成为国内外的追捧热点。历经千百年中华历史文化的演绎，兰花被赋予了"清廉"、"坚贞"、"纯洁"、"高尚"等精神象征。

菊花（*Dendranthema mori folium*）

选菊花作为市花的城市有北京，河南开封，江苏南通、张家港，山西太原，湖南湘潭，广东中山，山东德州，台湾彰化。

➤ 市花的史料与依据

北京：

1986 年菊花与月季一起被选定为北京市的市花。

菊花原产中国，栽培历史悠久。明、清时期，北京渐渐成为菊花的栽培中心，全国各地也纷纷将名品奉献京城，养菊、赏菊蔚然成风。菊花姿色俱佳，在北京有着悠久的栽培历史，元、明时期民间养花就以菊花为主，而北京传统艺菊的水平也很高，并且傲霜凌寒不凋，似乎具有了北京人的性格，因此北京把菊花选定为市花。

近 20 余年来，菊花展览已进入公园，方便广大群众去领略它的风采。诗人誉菊花为"铁骨霜姿"，由于它怒放在百花凋零之际，被人们赞叹为是具有坚毅气节和高超品质的花卉。菊花中的名品"香白梨"是老北京人吃菊花锅子不可或缺的精品。围绕着菊花，北京市每年都开展一系列的文化娱乐活动。2003 年 11 月在北海公园继续举办了第二十四届北京市市花——菊花展览，展出一万多盆，近五百个品种。

开封：

1983 年，开封市第七届人大常委会第十七次会议通过了命名菊花为开封市市花的决议。同时将每年的 10 月 25 日到 11 月 25 日定为菊花节。

开封栽培菊花历史悠久，早在宋代就已驰名全国。开封民众酷爱菊花，家家有养菊、赏菊的传统。开封人爱菊，不仅爱其绚丽多姿的花朵，更爱其迎寒吐蕊，傲霜怒放的性格，这正是开封人民坚毅顽强，奋发进取精神的最好象征。开封市在每年金秋十月举办一次菊花花会，如今已成为全市规模最大的旅游文化节庆活动，2010 年中国第十届菊花花会就在开封举行，可见菊花在开封的影响，以及开封菊花在全国的影响。

开封菊花花会已成为开封乃至河南众多旅游资源中的一个独具特色的品牌。菊会时节，全市展菊多达 300 万盆、品种 1 300 个，形成了"满城尽菊黄"的壮观景象。由于历届菊会的推动，开封的养菊技艺也得到长足的发展。在历届全国菊花品种展赛中，开封参赛菊花艳压群芳，取得了"四连冠"的好成绩。而 1999 年在昆明举办的世界园艺博览会菊花专项大赛中，开封参赛菊花更是一鸣惊人，夺得大奖总数第一、金奖总数第一、奖牌总数第一 3 项桂冠，"开封菊花甲天下"成为不争的事实。

南通：

1982 年 8 月 20 日南通市第七届人民代表大会第十六次常委会议通过了关于以广玉兰为南通市市树、菊花为南通市市花的决定。

南通民间喜养菊、赏菊，1966 年前有 600 多个菊花品种。自 1982 年菊花被定为市花后，每年深秋举办菊花展览，开展评比活动，花木市场活跃，菊花品种增加，栽培技艺提高，市花培植得到普及。过去南通养菊一般习惯于地栽，1982 年后，逐步发展到盆栽和防雨棚架栽培。所培育的菊花花朵硕大，株型优美，大立菊由原来一株着花 200～300 朵，增加到 2 000～3 000 朵；悬崖菊由原来长 1.5 米增长到 3 米多；宝塔菊由原来的 1.5 米高，增加到 3 米多高。艺菊形式由多头菊、小型立菊、树菊、悬崖菊四五种逐步创造发展到十多种，有多头菊、独木菊、案头菊、桩菊盆景、微型艺菊盆景、树菊、悬崖菊、大立菊、小立菊、宝塔菊以及各种造型菊。

迄今为止南通市已举办了二十多届菊花展览。近年来，南通市的花卉科研人员潜心研究菊花的保种保育技术，如今菊花品种已发展到 1 640 多种，菊花的品种、数量、质量、种植面积都位居全国前列。

湘潭：

1986 年，通过民选的方式，菊花被湘潭市确定为市花。

湘潭市，位于我国湖南省的中部偏东地区，湘江的中下游。那是一座已有一千两百多年历史的古老城市，是一片神奇的土地。湘潭市人杰地灵，人才辈出。一说起湘潭，相信没有人不会想起我们伟大的领袖毛主席；它也是老一辈无产阶级革命家——彭德怀的故乡；是杰出的艺术家、世界十大文化名人之一的齐白石的故土。湘潭的菊花培植有着悠久的历史。如今，湘潭市菊花培植出了 1 000 多个品种，其中独本菊、艺菊、高接菊等品种在全国具有领先水平。

正如南宋郑思肖诗写的一样："宁肯枝头抱香死，何曾吹落北风中。"菊花这种顽强的性格特征与湘潭市人民的"为有牺牲多壮志，敢叫日月换新天"的精神有着异曲同工之妙。

中山：

1985 年 2 月 3 日，中山市第七届人大常委会第七次会议通过，决定中山市市花为菊花。

相传南宋咸淳十年秋，第一批迁徙来到中山拓荒的先民，便为那遍野的黄菊所着迷，中山艺菊的历史就从此写起。在中山，最擅长栽菊花的当数小榄镇人，清代嘉庆年间，小榄镇就有了每隔一个甲子（六十年）为一届的"菊花会"，到 1994 年，"甲戌菊花大会"已经举办了四届。

在菊花被确定为市花以后，中山市人民将传统继承并发扬光大，于 1996 年举办第一届市花欣赏会，此后分别于 1998 和 1999 年举办第二、第三届菊花欣赏会。规模庞大的菊展，蜚声海外，遐迩闻名。

德州：

1982 年，德州市第十四届人民代表大会常务委员会第 19 次会议，审议了市人民政府提出的关于将枣树、菊花定为德州市"市树、市花"的议案。

德州菊花，以"花大、色艳、株矮、杆粗、叶茂"五大特点著称。历史上，北魏孝文帝时，德州就有种植菊花的传统；明清时期，德州菊花成为宫廷贡品；新中国成立后，菊花在德州地区的庭院、农田中广泛栽培；

1993 年国庆庆典，德州菊花成为天安门广场庆典仪式用花中唯一的外地进京花卉。

2010 年 11 月，在河南开封举办的第十届中国菊花博览会上，由德州市送展的菊花冠绝开封，共获得 18 个奖项。其中，百菊赛和展台布置艺术，均获得最高奖；专项品种菊获得 6 个金奖、7 个银奖，在 63 个参展城市中，位列全国第二、全省第一。在参加全国菊展之前，从 1981 年至 2000 年，德州市还曾自行举办过 18 届菊展。

2000 年撤地建市后，德州市再次将菊花确定为市花。一系列活动和举措，使德州"菊城"的形象深入人心，德州菊花的整体发展水平呈现持续增长的良好势头。特别是 2000 年第 18 届菊展，德州市专门成立了花卉产业领导小组具体组织展览事宜，参展主体也由市区单位及近郊花农延伸到全市各个县（市）区，当届菊展规模空前，声名远播。受此影响，2000 年德州全市栽种菊花达到 500 亩，街头随处可见蹬三轮车卖菊花的商贩，产业链下游的菊花茶等深加工企业也迅速发展。

作为中国菊花的翘楚，德州菊花的声望不容置疑，但忧虑仍存。2000 年德州市菊展之后，除了参加全国菊展，以营造氛围为主的花展，则销声匿迹。10 年过去了，德州市民间菊农和企事业单位的花匠都陆续转行，社会养菊活动几近消失。作为当年"称霸一方"的角色，如今的情况被市民们所注意，人们不希望历经千百年历史长河涤浣的德州菊花就这样慢慢淡出了历史的长河。人们通过各种途径，挽救"菊城"的"前世今生"。如何让"菊城"名号再度叫响全国，在默默坚守中，政府部门开始积极寻找出路。

杜鹃花（*Rhododendron simsii*）

选杜鹃花为市花的城市有湖南长沙、娄底，江西井冈山，广东韶关、珠海，云南大理，浙江嘉兴、余姚，安徽巢湖，辽宁丹东，江苏无锡，黑龙江伊春，台湾台北、新竹。

➢ 市花的史料与依据

丹东：

1984 年 3 月，经丹东市第九届人民代表大会第二次会议审议通过，杜鹃花被正式确定为丹东市市花。

丹东栽培杜鹃历史悠久，特殊的气候资源及水质、土壤条件为杜鹃花的生长发育创造了得天独厚的自然条件，并形成了丹东杜鹃的独特种群。辽宁省丹东市被誉为杜鹃城，而又以盆栽杜鹃闻名。严冬季节，北国被白茫茫的大雪覆盖，而在这么冷的环境下，仍可看到那色彩斑斓、灿若云霞的各种杜鹃花。

上世纪 20 年代起，丹东就开始了盆栽杜鹃，多年来培育了不少优良品种，盆栽杜鹃生产之多为全国之冠。目前，全市从事杜鹃花生产的花农有 2 000 多户，6 000 多人。杜鹃花各类有 6 个色系，270 多个品种，其中珍贵品种 120 多种。丹东拥有杜鹃花种植面积 3 000 多亩，主要集中在振兴区、振安区以及元宝区三个交通相对便利的市区。年产盆花 3 000 多万盆，商品花 1 000 多万盆，收入 6 000 多万元，销售面覆盖全国 100 多个城市和地区。近几年在各种全国性花卉博览会上，丹东杜鹃多次被评为金奖，成为国务活动的上乘花卉。丹东市民沉醉在这五彩缤纷的杜鹃花海洋里，无不为之自豪，更将市花的荣誉给予了它。

无锡：

1983 年，无锡市政府将杜鹃定为市花。

无锡市栽培杜鹃花已有历史，"中国杜鹃花品种资源基因库"其中之一就设立在无锡锡惠公园内的杜鹃园。多年来，锡惠公园投入相当资金，对杜鹃花基地进行扩建，使栽培场地形成一定规模。技术人员结合园林有关节庆花展活动，摸索出一套反季节和提前开花的办法。同时，派出专人分赴丹东、上海、杭州、武汉、大理等地，通过交换、购买等形式，引进不少杜鹃花新品种，回来后登记造册，建立档案，采用科学的技术手段进行扦插繁殖，使每一品种的杜鹃花数量不断增多。

目前，在锡惠公园的杜鹃园内，已有包括毛鹃、西鹃、冬鹃、夏鹃、四季杜鹃以及高山野生杜鹃等各类名贵杜鹃花品种 400 多个，且每盆杜鹃枝繁叶茂，长势旺盛，不少杜鹃经修剪、攀扎、整形已成盆景，造型优美，花色艳丽，成为杜鹃花中的精品。

长沙：

1985 年 11 月 30 日，长沙市第八届人民代表大会十四次会议通过了杜鹃花作为长沙市市花的决定。

杜鹃花与报春花、龙胆花合称中国三大名花，而且位列其首，长沙地区的气候和土壤十分适合杜鹃花的生长，每到春天，长沙市郊漫山遍野开满杜鹃，花朵茂密，万山红遍，成为长沙春天的一大奇观，故长沙人称杜鹃花为"映山红"。长沙市民酷爱杜鹃，从不会忘记春日里去河西的岳麓山欣赏那满山遍野的杜鹃花。杜鹃盛开是岳麓山春天的胜景，历代诗人对杜鹃花多有吟咏。清同治《长沙县志》卷34载有朱滋丹的《岳麓山赋》，其中描写岳麓山的四时景物时，写下了"岩花艳吐，崖树荫浓，树岭飘红，松峦积素"的诗句，那吐艳的岩花即是杜鹃花。

长沙人常说：待到"一路山花呈锦绣，清溪倒挂映山红"的时节，欢迎前来赏花。可以想象，当杜鹃花开遍长沙市的街道绿地时，那红得似火的杜鹃花是多么美丽，加上长沙人的热情好客，真的会令人留连忘返的吧。长沙人民将杜鹃花选为他们的市花，是十分以之为傲的。

井冈山：

20世纪80年代，杜鹃被确定为井冈山市的市花。每年花季，上井冈山欣赏杜鹃就成了当地最具特色的旅游项目。井冈山的杜鹃花，既有灌木又有乔木，尤以高大乔木型杜鹃最具特色，有云锦杜鹃、鹿角杜鹃、猴头杜鹃等约30种名贵品种，其中最为著名的就是井冈山当地独有的珍稀树种"井冈山杜鹃"。井冈山杜鹃花开之时，紫色偏红的花瓣映山而红，更有清新扑鼻的淡香，令人目眩神迷。

位于全国著名的5A级风景名胜区井冈山的南大门的笔架山景区内的"十里杜鹃长廊"是花季的一个亮点。每年四、五月间，笔架山山脊两侧各色杜鹃花竞相开放，形成"十里杜鹃长廊"，高峻的山崖，七八米高的枝丫虬曲盘错，枝头上杜鹃齐齐绽放。沿着悬空的栈道小心翼翼地走着，一边欣赏迎面而来的杜鹃，犹如进入了仙境一般。

台北：

台北市普遍栽种杜鹃花。杜鹃花名优雅有忠贞与催归之寓意。此花品种多，花期长，花开于枝头顶端茂盛热闹、深受广大市民喜爱，极有利点缀市容。杜鹃花是植物的科名也是属名，它的种类极多，有的为常绿性，有的为半落叶性，从小灌木到小乔木都有。

以台北市而言，最常见到的有洋紫杜鹃、粉红杜鹃、九留米杜鹃等，另外部分台湾原种如金毛杜鹃、乌来杜鹃、红点杜鹃等，也有少量栽植。

山茶花（*Camellia japonica*）

选山茶花为市花的城市有重庆，云南昆明，浙江宁波、金华、温州，江西景德镇，山东青岛，湖南衡阳，福建龙岩，重庆万州，四川万县。

➢ 市花的史料与依据

重庆：

1986 年，山茶花被正式确定为重庆市市花。

山茶花在巴蜀地区栽培已有 2 000 多年的历史，今巴南区石岗子桥还生长着一株"七心红"古茶花，树高 8 米，直径 72 厘米，据传树龄已有 400 余年。如今，重庆地区公园、风景区、庭院、楼台均有种植山茶花，早春花开红艳，象征着烂漫春天的使者。山茶花之所以被选为重庆市市花，与山茶花在巴蜀地区的悠久历史是密不可分的。

2003 年，重庆市投资 1 500 万为市花山茶花修建了"官邸"——重庆南山茶花园，7 000 多株名贵的山茶花树安家于此。这是国内最大的茶花园——"市花花园"。整个茶花园占地 105 亩，"入驻"品种 130 多个，共 7000 多株茶花树都是名贵品种。有 200 多株茶花树树龄都在百年以上，其中一株 400 多岁的紫金冠茶花更是国内现今存活茶花的"老祖宗"。

昆明：

1983 年 3 月 10 日，昆明市人大常委会决定将云南山茶花定为昆明市花。云南山茶花既是昆明市花，也是云南群芳之首。

云南是我国茶花的主要产地。云南山茶花，原产云南西南部腾冲一带。早在唐宋云南南诏、大理时期，就在宫廷和昆明民间推广栽培。到元明时，茶花已在云南西部、中部城乡广为种植，尤其是昆明佛寺道观、风景胜地，茶花成为普遍栽培的观赏植物。昆明山茶花品种繁多，云南山茶花传统品种就有 72 个。昆明的杨慎在诗中说："山国山茶太繁品，春盘春菜先此筵"，由此也得旁证。

2009 年 6 月 12 日昆明市第十二届人大常委会第二十五次会议通过，自 2010 年起，每年农历正月，在昆明市举办"昆明市花·云南山茶花节"。这让昆明市花云南山茶花迎来了发展的机遇，市花节也将成为昆明城市形象的另一张名片。

宁波：

1984 年，宁波市绿化办、科协单位，组织全市开展市花评选，在茶花、杜鹃和月季花中，茶花夺魁，得票率达 42.2%，经市长办公会议讨论并报请市人大常委会通过，茶花成为宁波市的市花。

以茶花为市花的宁波是一个现代滨海城市，同时茶花产业也历史悠久。在四明山还发现有野生山茶花分布。目前宁波市茶花种植面积已过 5 万亩，年销售额达亿元以上。2001 年，宁波奉化的西坞镇被命名为"宁波市市花（茶花）基地"。西坞镇有着种植茶花的悠久历史和良好基础。早在 20 世纪 50 年代，白杜片金峨村、税务场村一带就开始种植茶花，引进和培育了一系列名贵优质品种。目前，仅西坞镇就有茶花种植面积 5 000 亩，优质茶花品种 100 多种，有 20 余个村建有茶花基地，1 000 多户农户从事茶花经营。另外，近几年慈溪、北仑等地的茶花发展也十分迅速。可以说，茶花产业化发展已经成为宁波市进行绿色生态文化建设的一个新亮点，为进一步培育和推广茶花创造了良好的平台。

与其他城市相比，作为宁波的市花，山茶花得到了很好产业化发展，给宁波的老百姓带来了看得见的实惠和利益。作为市花，可谓民心所向。

青岛：

1988 年 3 月，青岛市人民代表大会正式确定耐冬（北方山茶）为青岛市市花，2005 年 6 月又被确认为奥运吉祥物——奥运耐冬，从此耐冬成为青岛的一张引人瞩目的城市名片。

历史上有关崂山的著作中多载有耐冬。现在长门岩岛上娘娘庙附近的一株根径 75 厘米、高 4 米、冠幅直径 4.5 米，传说树龄 800 年，是青岛地区耐冬中的老寿星。长门岩面积只有 0.2 平方千米，据记载，在隋唐时期就有繁茂的群株生长，历史上耐冬曾覆盖大半个海岛。1986 年调查统计有 549 丛野生耐冬，可产耐冬种子 250 余千克，树龄大都在百年以上。

1897 年德国占领青岛之初，一名德国马弁负责崂山的护林工作，当他骑马路过崂山枯桃村村东王方仑家门前时，看到几株耐冬枝叶繁茂，花朵缀满树枝，就让王方仑（相传第一个进行耐冬买卖的人）第二天送到胶澳巡抚驻地。当王方仑送去耐冬时，德国人给了他数目可观的铜钱作为报酬。他用卖花的钱，置买了三亩地开始了养花卖花的生意，这消息传开后，养花卖花的序幕被拉开了，枯桃村也被德国殖民者辟为青岛的花卉基地。至 2008 年 3 月，青岛枯桃北山上种植有 2008 株耐冬，成为青岛市人工种植面积最大的市花耐冬园，成为一特色景观，为岛城迎接奥帆赛增彩不少。

崂山耐冬美名于天下，对青岛发展旅游事业，城市绿化美化，海岛开发，医药研制，研究崂山地史和植物发展史及植物区系分布都有重要意义。因此，青岛将耐冬定为市花是十分具有代表性的。

温州：

1985 年 7 月，温州市人民代表大会常务委员会第 14 次会议审议了市人民政府的报告，正式命名山茶花为温州市市花。

温州是我国山茶花的主要原产地之一。许多山中山茶广泛分布，据记载，瑞安大罗山化成洞的裸岩间，如今还挺立着一棵健壮的树高 11.6 米，胸径 31 厘米，枝下高 4.5 米，树龄有 1 200 多年的金心茶，引来中外学者们进行考察研究。而事实上，早在隋、唐时，温州人民就开始栽培茶花。公元七世纪初盛唐时期，温州山茶传入日本。至宋、元间，茶花已盛行于温州。北宋时期天台地区的陈景沂所著的《全芳备祖》中记载："玛瑙茶，粉红白黄为心，大红为盘，产温州。"到了清代，温州山茶品种更是层出不穷，永嘉县志中就记载有名贵品种：百合宝珠、八宝、银红出炉、银大红、大红茶、玉楼春、抓破脸、粉茶、金盏银台、醉杨妃、御衣黄、旧衣黄等。

温州的气候条件十分适宜山茶花的栽培生长，山茶花的品种也有数百种。温州人工栽培选育山茶花的历史悠久，园艺品种繁多。山茶花在温州的栽种十分普遍，园林、景区、家庭多有栽种。

温州山茶花，树形多矮壮，有一树多花色，一花多色彩的珍品，花色艳丽，千姿百态。花期长，自 10 月中旬起，直至翌年的四、五月间，各个品种陆续竞相开放，斗雪迎春。温州人民有一首表达瓯（温州古称）人热爱茶花的动人诗篇："一枕春眠到日斜，梦回喜对小山茶。道人赠我寒岁种，不是寻常儿女花"，至今仍广为传颂。

景德镇：

1985 年 9 月，景德镇市第八届人民代表大会通过评选，将茶花定为景德镇市市花。

景德镇市人民栽种的茶花历史悠久，据传，早在唐末五代就有栽培。茶花喜半荫和温暖气候，喜肥沃湿润、排水良好的中性和酸性土壤，生长周期长。

景德镇市的自然条件，非常适宜茶花的繁殖和栽培，而且品种繁多，计有60多种，尤以"赤丹"、"西施面"最为名贵，属国内稀有品种。其中，景德镇乐平地区盛产的茶花，更是驰名大江南北。瓷都的茶花又以叶中翠绿、花形千姿百态、花朵艳丽而著称，花色为红、紫、白、粉、蓝各色，色彩缤纷。瓷都的老百姓相信，美丽的茶花是瓷都欣欣向荣的美好象征。

荷花 （*Nelumbo nucifera*）

选荷花为市花的城市有山东济南、济宁，河南许昌，广东肇庆，澳门特别行政区，台湾花莲，江西九江。

➤ 市花的史料与依据

济南：

1986年，济南市人大常委会第九届第二十次会议决定荷花为济南市市花。

济南人自古就喜爱荷花。早在唐、宋时期，济南市郊的湖畔沼泽、田间池塘就都有它的倩影，当时的大明湖还因此被称为"莲子湖"。

荷花以它那艳丽的色彩、幽雅的风姿深入到济南人的精神世界。古时我国不少地方都有一年一度的荷花节，惟独济南每年两度举办荷花节：一次为农历六月二十四日的迎荷花神节，另一次为七月三十日的送荷花神节（即盂兰盆会）。大明湖公园自1986年开始，每年在荷花盛开的季节举办明湖荷花艺术节，湖内近百亩荷花鲜艳夺目，随风摇摆，与公园内盆栽荷花遥相辉映，使整个公园变成了鲜花的海洋。节日期间，举办单位还邀请国内各地的文人墨客，举办咏荷书画展、楹联比赛，使荷花艺术节真正具有了浓浓的文化艺术气息。新落成的济南奥体中心，其设计在结合当地地形地势的情况下，总体布局上成"东荷西柳"。所谓"东荷西柳"就是东面的体育馆、网球中心、游泳中心结合了市花"荷花"的造型，西边的体育场呈市树柳树的柳叶造型，可谓独树一帜！当荷花成为济南文化的一部分，选其作为市花则是十分理所当然的。

澳门特别行政区：

《澳门基本法》第十条第二款规定："澳门特别行政区的区旗是绘有五星、莲花、大桥、海水图案的绿色旗帜"；澳门特别行政区的区旗、区徽的图案设计都使用了荷花造型，表明澳门人对荷花的特殊感情。这首先得益于澳门的地形、地貌似荷花又似莲茎。故澳门有"莲花宝地"、"莲花福地"之称，区旗、区徽上的莲花喻示着澳门回归祖国后，让莲花福地更多地造福澳门，使澳门更加繁荣昌盛。

澳门地区是由广东省珠海市南端的澳门半岛和凼仔、路环二岛组成，面积23.5平方公里。200多年前，澳门半岛未填海造陆之时，地形地貌像一朵荷花。后不断填海扩大陆地，半岛与二岛各成不规则的长形，且直线排列延伸至海，整个地形似莲的地下茎（藕）。原先澳门半岛全靠行船联络。1968年凼岛建起一座长2 567米的跨海大桥。1994年又架一座长4 414米的友谊大桥。这样，澳门半岛与凼仔、路环二岛连成一体，交通十分便捷。从飞机上俯视，澳门地形像是藕的三"节间"，而连接半岛与二岛的桥、路像是"藕节"。岛屿、桥路、海水构成的"莲茎"，成为澳门独特的自然风貌。

昔日澳门植荷花普遍，人们以赏荷为乐事。人工荷池，寺庙中居多。建于清嘉庆年间的莲峰庙观音殿前的荷池，是澳门最早的荷池之一。"卢园探胜"是澳门八景之一。卢园风景之胜，胜在一塘繁茂的荷花。每到荷花盛开的季节，众多港澳莲友、摄影师蜂拥而至，吟咏、写生、摄影，热闹非凡。

九江：

2007年，九江市在其十三届人大常委会第六次会议上通过了市政府提议的将荷花定为市花的决定。

九江市本次市花的确定是通过市民投票的方式进行的。荷花在三种候选花卉中以77％的绝对优势获选。荷花与九江渊源颇深，山有莲花峰，洞有莲花洞，佳作有《爱莲说》，庙有莲花驿寺，池有莲花池。荷花不仅代表九江独具特色的人文景观、文化底蕴、精神风貌，对提升九江旅游、文化、生态、城市品位也有着特殊的意义。

肇庆：

1986年荷花被评定为肇庆市市花。

肇庆荷文化历史悠久，留下不少脍炙人口的诗文、楹联和传说，有文字记载的至少可追溯到宋代。肇庆"宝月荷香"景点极负盛名，故自宋代以来都被选入"端城十景"和"肇庆八景"中，有"宝月台榭万荷香"的美誉。自荷花被选定为肇庆市市花之后，弘扬荷文化，发展肇庆旅游业已成为肇庆市民的共识，也是创建肇庆花园式风景旅游城市的一项重要内容。

2011年7月，为了加大对市花的宣传效果和开发力度，肇庆市举办了首届（2011）肇庆天湖荷花节，天湖生态旅游度假村位于鼎湖区，占地 1 800 亩，围绕度假村三千米种满了荷花，荷花节开幕式，吸引了大量来自欧洲、珠三角、港澳等地的游客，争先一睹肇庆市市花的风采。

 ## 桂花（*Osmanthus fragrans*）

选桂花为市花的城市有浙江杭州，广西桂林，安徽合肥、铜陵、马鞍山，江苏苏州，四川泸州，湖北老河口，河南南阳、信阳，台湾台南。

➤ 市花的史料与依据

杭州：

1983 年 7 月 20 日至 23 日，杭州市六届人大常委会第九次会议通过商议决定，将桂花确定为杭州市的市花。

桂花在杭州已经有近千年的栽培历史，尤其是杭州满觉陇的桂花，更是闻名遐迩。早在南宋时期，满觉陇已经大片种植桂花，并形成一定规模。在《咸淳临安志》有这样的记载："桂，满觉陇独盛。"且杭州自古就有"天竺桂子"之称。《东坡诗注》曾记载"天竺昔有梵僧云此，山自天竺鹫山飞来，八月十五夜尝有桂子落。"又据《杭州府志》记载，宋仁宗"天圣丁卯（公元 1027 年）秋，八月十五夜，月明天净，杭州灵隐寺月桂子降，其繁如雨、其大如豆、其圆如珠。识者曰：此月中桂子也。拾以进呈寺僧。好事者播种林下，一种即活。种之得二十五株。"据调查，杭州灵隐、云溪、净寺、大华饭店、浙江博物馆、龙井、虎跑、满觉陇等地至今仍有百年以上的桂花古树 20 余株。

杭州植物园于 20 世纪 50 年代末在玉泉鱼跃景点东侧僻建了桂花专类园，占地 4 公顷。栽有金桂、银桂、四季桂、丹桂等 6 个栽培品种 3 000 余株。80 年代末，开展对桂花品种的引种、栽培及利用研究，现已植有日香桂、大叶佛顶珠、桃叶丹桂等 19 个品种，经过长期的科学管理和精心养护，现已形成郁郁葱葱的桂花林。杭城内外遍植桂花，并且还建立市花公园（即长桥）。桂花已成为美化环境、香化西湖的主要树种之一。自 1988 年创办中秋赏桂活动以来，游人量逐年增加。1999 年游人量高达 25 万人次，杭州素有的赏桂胜地的盛名得以进一步诠释。桂花已经成为杭州市百姓生活中不同缺少的一部分，将其作为市花更是直接表达出了人们对它的喜爱。

桂林：

1984 年 3 月 16 日，桂林市人大通过决议，选定桂花为桂林市市花。

1995 年桂林正式确定，桂林市市徽图案的外形为桂花四花瓣相连，寓意桂林处在桂花的环抱之中。桂林的地名就是由桂花树而来，"桂林桂林，桂树成林"，故名桂林。桂林是桂花树的原产地，桂林人民自古以来就喜爱桂花树。每逢金秋，桂花盛开，花香四溢。

桂林人爱桂花树，更爱它的品格和精神。桂花树那秀美的树形，繁茂碧绿的枝叶，繁密怒放的花朵，浓郁四溢的花香，是一种完美的形象代表，也是充满活力和生机的体现。在桂林人的心目中，桂花树还是友谊、吉祥和爱情的象征。所以，桂林人在与人交往时，尤其是与外国友人交往时，总喜欢用桂花送人以示友好和祝福，桂花也因此成了桂林的"友好使者"。作为桂林城市形象的代表，桂花是当之无愧的。

合肥：

1984 年，安徽省合肥市人大常委会正式批准桂花为市花。

桂花金秋飘香，为合肥市民造就了美好的环境。合肥市栽培桂花有着良好的基础，并培育出了一批很有影响力的特色品种。据新编《肥西县志》（1994年）记载，该县现有桂花品种 15 个，其中四季桂品种 3 个，八月桂品种12 个。

1986 年，合肥市政府在东门外环城河边修建了一个"**市花市树园**"，占地 72 亩。园内遍植市花——桂花和石榴，市树——广玉兰，并创办了市花、市树宣传栏，使广大市民对市树市花的形态特征、生态习性、品种识别、栽培养护知识有了一个更全面的了解。为了打造"绿色合肥、生态合肥"，全面提高市民的市花意识，2003 年 9 月 25 日至 10 月 20 日，合肥市与中国花协桂花分会在合肥植物园联合举办了"首届桂花展览"，展览专设"桂花景观区"、"桂花品种展示区"、"桂花科普区"、"桂花产品展示区"和"赏桂区"，并对景点制作、桂花品种、桂花盆景几个项目分别进行了评比。花展期间还举办了"中国首届桂花小姐大赛"，为桂花展助兴。合肥市已决定从 2010 年开始，每年都将在九、十月间举办"合肥桂花展"，以桂花为主题，弘扬桂花文化。

苏州：

1982 年起，苏州市将桂花定为市花，使桂花在苏州进一步得到发展，苏州人更习惯称之为木樨花。

桂花在苏州有两千年的栽培历史，早在唐宋年间，桂花被散植于居民家天井里或房前屋后。金秋时节，桂花飘香，弥漫苏城。

苏州市政府为了改善人居环境，从上世纪90年代开始在新村内建造小游园及区、市级公园，园内植物配置乔木和花灌木，其中桂花也占据一定比例。与此同时，苏州市还专门建造了一座以市花为特色的公园——苏州市桂花公园，位于城内东南隅，沿环城河内侧，占地16.5万平方米，种植桂花5 600多棵，包括金桂、银桂、丹桂、四季桂、月桂50多个品种。2009年冬季，苏州公园又从四川温江地区选购了2 000多棵桂花名品，包括九龙桂、朱砂丹桂、大叶四香桂及雪桂。据介绍，大凡全国的桂花名品，苏州桂花公园内都有栽植。每逢桂花盛开，被桂花艳丽的花色和浓郁的花香吸引前来赏桂的市民摩肩接踵，好不热闹。

马鞍山：

1987年3月24日，安徽省马鞍山市人大常委会三十次会议通过确定桂花为马鞍山市市花的决议。

桂花是马鞍山市市民喜爱的乡土树种。早在唐代，马鞍山市的寺、庙、园林及私人住宅都植有桂树。现在马鞍山市山区及当涂县内，还保存着古桂树70余株，向山区卜塘镇卜家祠堂内有径达32厘米、高6米余的金桂，采石矶公园三公祠内有径达50厘米，高7米余的金桂，树龄均在100～300年间，当地百姓家家植桂，传说可保长命富贵。马鞍山人还有农历八月十五拜月的传统习俗。同时，桂花又是马鞍山市区用以绿化环境的主栽树种。当桂花成为一种民俗文化深深植入马鞍山百姓心中时，将其选为市花是实至名归之举。

泸州：

1986年10月10日，泸州市第一届人民代表大会常务委员会第二十一次会议通过决议，将桂花确定为泸州市市花。

自古以来泸州人就有在家栽培桂花的习惯，不少农村地区在房前屋后都栽种有桂花。旧时家家户户都有桂花熏制的桂花酒，其浓郁不散的香甜，与泸州酒的浓香醇厚相得益彰，桂花与酒结下了不解之缘。

在泸州的食文化中又有不少以桂花为主要点缀的点心，桂花糕、桂花馅的月饼和汤圆都是人们喜爱的美食，还有以"桂花"命名的街巷，所以将桂花作为泸州的"市花"一点也不为过。

据泸州市园林局相关负责人介绍，2010 年泸州市园林局已经制定及实施了"城市行道树种规划"，将逐步增加桂花等花树的使用，启动的街道香化工程，将使满街的桂花树给广大市民"送香"。

台南：

桂花原产于我国西南各省，日本及喜马拉雅山区也有分布，公元 1700 年就有人将它引进台湾，目前在台湾各县市都有普遍栽培。台南市将桂花确定为市花。

 # 水仙 （*Narcissus tazeta* var. *chinensis*）

选水仙为市花的城市有福建漳州。

➤ 市花的史料与依据

漳州：

1984 年 10 月 26 日，漳州市第八届人大常委会第二十四次会议通过决议，把水仙花定为漳州市市花。决议指出："水仙花是漳州的传统名花，驰名中外，水仙花品格高坚，匠雕奇姿，花美珍贵，芳香流翠，象征吉祥，象征人民美好幸福生活，素有'凌波仙子'的美称。确定水仙花为'市花'是符合漳州人民的感情和心愿的。既能体现漳州花果之乡的风貌，发展旅游业的名花特产，增加经济效益，又能激发漳州人民爱花热情，陶冶人们的情操，丰富人民的文化生活，美化香化城市，有利于促进城市两个文明建设。"

漳州培植水仙花的历史十分悠久，已有 500 多年，所培养的水仙球大、形美，花多香浓，独具特色，蜚声中外，成为漳州三宝之一，是中国重要的出口花卉。早在唐睿宗景云年间，在漳州任别驾的丁儒就有赞美水仙花的诗句："锦苑来丹荔，清波出素鳞。"如今漳州水仙名冠神州，为我国水仙盛产地，而且品质最优。因此，选择水仙作为自己的市花，可以说是漳州大众共同的愿望。

 # 白玉兰 （*Magnolia denudata*）

以白玉兰为市花的城市有上海，江苏连云港，广东东莞，江西新余，台湾嘉义。

➤ 市花的史料与依据

上海：

1986 年经上海市人民代表大会常务委员会审议通过，决定白玉兰为上海市市花。

白玉兰在上海的气候条件下，开花特别早，清明节前，它就繁花盛开。白玉兰洁白如玉，晶莹皎洁，开放时朵朵向上，溢满清香。白玉兰不畏寒冷，似乎还十分留恋银装素裹的冬天，层层花朵好像在枝头堆起片片雪绒，承继着冬日的气息，让冬天的冷色点缀这多姿的大千世界。但它又丝毫不增添凉意，倒是那幽远典雅的清香为它赢得了"玉雪香脂"的美称。

著名的园林学家陈俊愉教授曾建议，上海应创建中国玉兰专类园，以上海市市花玉兰为主，广泛搜集中国特产的玉兰、二乔玉兰、天女花、厚朴、宝华玉兰、武当玉兰、黄山绢毛玉兰、光叶玉兰、望春玉兰以及引进的品种广玉兰和星花玉兰，用以观赏和研究。可见，上海地区的气候及各方面条件都是非常适合玉兰生长的，而作为国际都市的上海，选择白玉兰作为市花，象征着这座城市一种开路先锋、奋发向上的精神，花与城市可谓相得益彰。

连云港：

2005 年 2 月 23 日，连云港市十一届人大第十五次会议决定，以玉兰为市花。

连云港市景区、居住区、单位庭院均有白玉兰栽植，而且历史悠久。连云港市区往东约 10 千米处的东磊风景区延福观内，有全国树龄最大的玉兰花树，四株白玉兰毗邻生长，树龄多在 800 年以上，树冠连片如华盖，遮住一亩多地，恰似一"玉兰王家庭"。其中延福观南侧偏院有古老的玉兰花一株，高达 20 米，人称"中华玉兰花王"，文人则誉其为"玉兰仙人"，每当花期，天生丽质之花朵占满老树虬枝，如云如雪，更富有诗情画意。

自 1985 年以来，每逢举办东磊玉兰花会时，登山赏花人总是蜂拥而至，争相一睹"玉兰王家庭"之风采。2004 年秋，连云港的玉兰花入选国家邮政局 2005 年邮票发行计划。这是继 1993 年金镶玉竹、1996 年汉代简牍后，连云港市第三次登上"国家名片"。作为连云港市独特的宝贵财富，将其选为市花是无可厚非的。

木棉 （*Gossampinus malabarica*）

以木棉为市花的城市有广东广州，四川攀枝花，广西崇左，台湾高雄。

➤ 市花的史料与依据

广州：

1982年6月广州市人民政府决定，将木棉确定为广州市市花。

纵观历史，木棉花被定为广州的市花已有70多年的历史了。早在1931年，木棉花就曾被选为广州市花，1982年6月，广州市人民政府重新将木棉花确定为市花，为广州城树立了英雄城市的红色象征。木棉象征着广州蓬勃向上的事业和生机，并以此激励人们报效祖国的豪情壮志，十分符合广州这座城市的形象。

木棉最早见载于晋葛洪的《西京杂记》：西汉时，南越王赵佗向汉帝进贡烽火树，"高一丈二尺，一本三柯，至夜光景欲燃"，据说此烽火树即木棉树。广州人对木棉有着特殊的情感，这是因木棉一直造福岭南。粤人以木棉为棉絮，做棉衣、棉被、枕垫，唐代诗人李琼有"衣裁木上棉"之句。古代广州木棉树种植甚广，其中以南海神庙前的十余株最为古老。每年旧历二月，木棉花盛开，每天来观者达数千人，场面热闹，清屈大均以《南海神庙古木棉花歌》颂之。现在南海神庙仍有两棵古木棉，久经风霜，挺拔依然。

1959年，时任广州市长的朱光撰《望江南·广州好》50首，其中有"广州好，人道木棉雄。落叶开花飞火凤，参天擎日舞丹龙。三月正春风"之句。可见木棉与广州这座城市的渊源，更是广州这座英雄城市的象征与财富，作为市花当之无愧。

攀枝花：

1987年10月27日，攀枝花市三届人大常委会第九次会议决定木棉（别名：攀枝花）为市花。

攀枝花——攀西大裂谷的英雄之花，花开时满树火红十分炫丽，而攀枝花本身又以坚韧耐旱、生命力顽强著称，是攀枝花市的市花和城市精神的象征。

攀枝花——中国唯一以花名命名的城市，从改革开放之初的"象牙微雕钢城"，到当今的"中国钒钛之都"。据记载，在攀枝花自1965年建市的近半个世纪来，穿越"大三线建设"的激情岁月，历经了改革开放的重大转折，而今沐浴在科学发展观的春风细雨中，必将绽放出更加绚丽的新花。

崇左：

2005年1月，崇左市一届人大三次会议审议通过了市政府的议案，同意将木棉花定为该市市花。

木棉是崇左市最具特色的树种之一。崇左市成立之初，就有干部、群众建议将木棉花定为市花。崇左市政府对这一问题非常重视，专门组织了市建设、林业、文化、旅游、司法等部门进行了研究和论证，最终决定将木棉花定为市花，这有利于打造崇左的"城市名片"，有利于发展开放型经济。

种植木棉，崇左市拥有得天独厚的土壤和气候条件。每到三四月份，崇左市遍地绽放的木棉花，灿烂如火，已成为一大景观。对此，不论是本地人还是外地人都有着深刻的印象。按照初步规划，2010年起，崇左市将用三年时间，在南友高速公路150多公里长的崇左段种植以木棉树为主的树种。同时，在崇左市各个县（市、区），将掀起木棉种植的高潮。在原来的基础，加上大种植的规模，把木棉变成崇左最亮丽的风景。对此，许多人充满期许。

高雄：

木棉花原产于印度、缅甸以及爪哇一带，是一种典型的热带性植物，17世纪由荷兰人引进台湾，目前台湾省各地栽植十分普遍，中南部平野及低海拔山麓地带有不少归化的个体。它有多种用途，其中它用来帮助种子散布的绵毛，质地轻柔，是棉被及枕垫的绝佳材料。高雄市将木棉定为市花。

凤凰木 （*Delonix regia*）

别名：凤凰花，以凤凰木为市花的城市有广东汕头、台湾台南。

➤ 市花的史料与依据

汕头：

1982年12月，由汕头市民直接投票推选，经市长办公会议通过，确定凤凰木（金凤花）为汕头市市花。

汕头市引进栽种凤凰木始于20世纪60年代，当时由潮汕华侨把树种带回家乡，经过多年的种植，老市区一带的凤凰木枝繁叶茂。

在汕头，凤凰木普遍被称为金凤花，学名凤凰木，属豆科，落叶乔木，为庭园树、行道树，夏日开花，娇艳夺目。1993 年，汕头市还举办了以金凤花冠名的"金凤小姐"评选活动。至今，以"金凤"冠名的事物很多，如金凤坛，曾被评为汕头八景之一；盛极一时的商业旺地金凤城；还有金凤路、金凤轮、汕头市金凤艺术团。

可见，金凤花（凤凰木）在汕头人民的心中是有很高的地位的，因此，将金凤花（凤凰木）定为汕头市市花是名符其实的。

台南：

凤凰木也叫凤凰花，是落叶性大乔木，原产于非洲东岸的马达加斯加，公元 1897 年开始引进台湾。凤凰木的分枝脆而易折，在以前液化石油气、天然气尚未普及的时候，带给台湾岛内不少家庭煮饭、烧水的方便。因此台湾的百姓们对凤凰花是有一份特殊的感情的。所以，台南市将其确定为市花。

 # 桃花（*Prunus persica*）

选桃花为市花的城市有台湾桃园。

➤ 市花的史料与依据

桃园：

桃属于蔷薇科家族，是落叶小乔木，原产于我国。目前世界各地重要的经济性品种，绝大多数都是由我国的原生种培育而成的。桃的品种很多，可以大略地分为观赏桃、食用桃 2 种。台湾桃园市将桃定为市花。

 # 天女木兰（*Magnolia parviflore*）

选天女木兰为市花的城市有辽宁本溪。

➤ 市花的史料与依据

本溪：

天女木兰又名天女花，为木兰科木兰属，因花瓣洁白，雄蕊紫色，香气迷人，形似天女而得名。天女花分布于长江南北，也是中国东北惟一的野生木兰属植物，而辽宁本溪分布广，栽种多。

 ## 红花羊蹄甲（*Bauhinia blakeana*）

别名：洋紫荆，选红花羊蹄甲为市花的城市有广西南宁，广东湛江，香港特别行政区，台湾嘉义。

➤ 市花的史料与依据

香港：

早在 1965 年，香港已经采用洋紫荆作为市花，当时新成立的市政局就以洋紫荆作为标志。

1997 年后中华人民共和国香港特别行政区继续采纳洋紫荆花的元素作为区徽、区旗及硬币的设计图案。1997 年 7 月 1 日香港特别行政区成立，中央政府把一座金紫荆铜像赠送香港。金紫荆铜像被安放在会展中心旁，面对大海，这个广场也被命名为"金紫荆广场"。这座高 6 米的铜像正式名称为"永远盛开的紫荆花"，寓意香港永远繁荣昌盛。

红花羊蹄甲习称洋紫荆或紫荆花，是豆科羊蹄甲属常绿小乔木，花大而艳丽，叶形如牛、羊之蹄甲而得名，为香港本地产，广为栽种，深得人民喜爱。

 ## 白兰花（*Michelia alba*）

选白兰为市花的城市有云南东川。

➤ 市花的史料与依据

东川：

东川市位于云南省的东北部，是一个风景优美、气候温和的城市。白兰花原产喜马拉雅地区，古时多在亭、台、楼、阁前栽植，现多见于园林、厂矿中孤植，散植，或于道路两侧作行道树。特别是走在东川市的街道，随处可以见到白兰花的影子，每当白兰花盛开的时候，微风吹过，带来一阵阵的清香的气息。白兰花能有效吸收二氧化硫和氯气等工厂排放出来的有毒气体，白兰花是大气污染地区很好的防污染绿化树种。而且它的生存能力极强，所以，白兰花既体现出东川市人们的真挚的感情又能像守护神一样保护着东川市人民的身体健康。所以，把它定位为市花也是合情合理的。

海棠（*Malus prunifolia*）

以海棠为市花的城市有四川乐山。

➢ 市花的史料与依据

乐山：

1989 年 4 月 28 日，乐山市一届人大常委会第二十七次会议决议通过了海棠花为乐山市市花。

乐山海棠受到历代文人名士的推崇和喜爱，他们争相咏赞，写下了大量优美的诗篇，成了乐山特有的珍贵文化遗产。当代文豪郭沫若是乐山人，他在《我的童年》里自豪地说，乐山是号称"海棠香国"的地方。他还为家乡题写了"海棠香国"四个大字，现已被刻成石碑置放在乐山海棠园中。海棠园位于凌云山峰祖师洞外，在集凤楼前的斜坡上因遍植一坡海棠树，蔚然成景，故名海棠园。乐山人自古以来就喜欢海棠，"海棠香园"已成为乐山人的骄傲。这也是乐山选海棠为市花的原因之一。

刺桐（*Erythrina variegata* var. *orientalis*）

选刺桐为市花的城市有福建泉州。

➢ 市花的史料与依据

泉州：

1986 年 10 月 29 日泉州市十届人大常委会第十一次会议通过了刺桐花为泉州市市花的决议。

世界上，刺桐与泉州的历史可以追溯到中世纪，那时泉州就以"刺桐城"而驰名欧洲、非洲和中东诸国。因为古时泉州城内生长着许多刺桐花，故有"刺桐城"或"桐城"之称。早在 6 世纪的南朝，泉州就已经是中国与海外贸易的重要港口城市，而泉州港也称为"刺桐港"。由此可见刺桐在泉州的地位。唐代以来，泉州更加发达，与扬州、明州（今宁波舟山群岛）、广州并称为中国四大商港。至元代时，马可·波罗在他的游记中，以他亲眼见到的情况，认为当时的泉州港比埃及的亚历山大港更为繁荣。泉州市依山面海，风光如画，被古人盛赞为"山川之美为东南之最"。

泉州人爱刺桐花，把它作为"瑞木"，历代文人骚客也留下了不少吟诵刺桐花的佳句，有诗云："初见枝头万绿浓，忽惊火军欲烧空。"可见刺桐开花时的壮丽景象。目前在泉州城的开云寺和华侨大厦处，栽有不少刺桐花，美丽的泉州城掩映在刺桐的绿叶红花之中。

木芙蓉（*Hibiscus mutabilis*）

选木芙蓉为市花的城市有四川成都。

➢ 市花的史料与依据

成都：

1983 年，经成都市人大确定，将木芙蓉确定为成都的市花。

木芙蓉，又名芙蓉花、拒霜花、木莲，属锦葵科，落叶大灌木或小乔木，高可达 7 米。原产于我国，四川、云南、山东等地均有分布，而以成都一带栽培最多，历史悠久。五代十国时期，后蜀的开国皇帝孟昶在成都称帝，令市民在城墙上遍植芙蓉花，花开时，花团簇簇，故成都又有"蓉城"之称。芙蓉花喜欢温暖湿润的气候，喜阳光，适应性较强。木芙蓉花朵极美，是深秋主要的观花树种。木芙蓉用途甚广，树皮纤维可搓绳、织布；根、花、叶均可入药，外敷有消肿解毒之效。

但是作为成都市市花，木芙蓉并不像其他城市的市花那样得到非常广泛的发展。反而因芙蓉花花期短，成都市内已少有种植，即便是年轻一代的成都本地人，也几乎没见过芙蓉花开。"蓉城"也似乎空留其名了。

含笑（*Michelia figo*）

选含笑为市花的城市有福建永安。

➤ 市花的史料与依据

永安：

含笑为木兰科含笑属常绿灌木，广泛分布于华南至长江流域各省，它是芳香观赏花木，花开馥郁动人，适宜园林绿化栽植。永安市广为栽培。

紫薇 （*Lagerstroemia indica*）

以紫薇为市花的城市有江苏徐州、盐城，贵州贵阳，湖北襄樊，山西咸阳，河南安阳、信阳，山东烟台、泰安，浙江海宁，四川自贡，台湾基隆。

➤ 市花的史料与依据

徐州：

2002 年 9 月 27 日至 28 日，徐州市十二届人大常委会召开第三十七次会议，审议通过了《徐州市人大常委会关于徐州市市树市花的决定》，确定紫薇为市花。

紫薇在徐州市栽培历史悠久，作为市花，能够体现徐州特色，其绿化功能较强，适应徐州气候环境条件，具有比较广泛的群众基础。2003 年，徐州市绿委办动员全市各单位、居住区、街巷和家庭，广泛开展栽银杏树、育紫薇花的活动，形成处处有市树，家家有市花的新局面。在市花紫薇花的发展中，重点是发展紫薇观赏园，营造紫薇路，开展紫薇村建设。每个县（市）、区都要有 1～2 个镇级市花观赏园，5～10 条紫薇观赏路，3～5 个紫薇镇村。且结合银杏、紫薇的经济价值，开发高科技含量的银杏、紫薇系列产品。

在被定为市花以前，徐州老百姓就十分喜爱紫薇，在大家的期待中被定为市花以后，徐州市政府更是将市花的效应发挥到最好，通过开展市花相关产业的开发给老百姓带来实质的利好。

襄樊：

1986 年 8 月，经襄樊市人大常委会研究确定紫薇为襄樊市的市花。

地处鄂西北的湖北襄樊市是紫薇的原产地之一，也是中国紫薇品种最多的地区之一，在市域西部的荆山深处，现有数千亩原生态的野生紫薇群落，为国内植物学家所重视。紫薇是襄樊本地的乡土树种，在襄樊市区和市辖各县（市），不仅可以看见树龄在几十年或上百年的高大紫薇，还有许多苍老而富有生机、树龄达数百年的尾叶紫薇古桩。襄樊的辖区保康、南漳两县山区有大量野生植株，树龄最大的越千年，堪称中国之最。

紫薇被确定为市花后，据报道，襄樊市园林部门曾经采取一系列措施大力推广紫薇：1. 在市区新建的主干道绿化带和街头游园内，将紫薇作为必选树种，增加其种植量；2. 动员市区各机关、学校、企业、事业单位在庭院中增加紫薇的种植量；3. 由市政府向市民免费赠送数万株盆栽紫薇，鼓励市民多养紫薇。经过几年努力，到20世纪80年代末期，作为市花的紫薇很快普及到市区和市辖各县（市）区。

基隆：

紫薇原产于我国大陆，公元1700左右开始引进台湾，目前全省各地都有普遍性的栽植，品种也相当多，是夏至秋季的应景花卉，盆栽或园植都相当理想。因此，台湾基隆将其定为市花。

 ## 杏花（*Prunus armeniaca*）

选杏花为市花的城市有辽宁北票。

➢ 市花的史料与依据

北票：

为了充分发挥当地优势树种的作用，激发全市人民造林、绿化和美化环境的热情，加快林业发展步伐，根据广大群众的意愿，经过广泛调查研究，多方面征求意见，将刺槐确定为市树，杏花确定为市花。北票市第四届人民代表大会第三次会议通过了决定。

 ## 玫瑰（*Rosa rugosa*）

选玫瑰为市花的城市有辽宁沈阳、抚顺，河北承德，吉林延吉，甘肃兰州，新疆乌鲁木齐、库尔勒，内蒙古赤峰，宁夏银川。

➤ 市花的史料与依据

沈阳：

1988 年，由沈阳市人大常委会选定玫瑰为沈阳市市花。

关于玫瑰名字的由来，《说文》中有："玫，石之美者，瑰，珠圆好者"就是说"玫"是玉石中最美的，"瑰"是珠宝中最美的；司马相如的《子虚赋》也有"其石则赤玉玫瑰"的说法。即使后来玫瑰变成了花的名字，中国人也没有西方那般柔情万种的解释。由于玫瑰茎上锐刺猬集，中国人形象地视之为"豪者"，并以"刺客"称之。这种对"豪者"的欣赏非常符合玫瑰本性。

沈阳市有悠久的玫瑰栽培历史。每当 6 月花盛时节，花团锦簇，姹紫嫣红，妖媚多姿，芳香袭人。玫瑰有花型俊美、花色艳丽、花香馥郁的特点，是世界著名的香精原料，人们多用它熏茶、制酒和配制各种甜点，以花入药，有理气活血、疏肝解郁的功效。同时，当今生活中的我们将玫瑰视为"爱情之花"，多见于情侣作为示爱之物相赠，是爱与美的象征。这也象征着沈阳这座城市的包容与美丽。

兰州：

1984 年 2 月 25 日，由兰州市人大常委会讨论通过，选定玫瑰花为兰州市市花。

我国目前惟一的花卉院士陈俊愉先生说，玫瑰并不娇贵，它对生长条件的要求十分低，耐贫瘠，耐寒、抗旱，很多园林甚至直接就用攀援玫瑰做花篱，管理得相当粗放。玫瑰还是保护土壤、保持水土的良好植物。此外，因其香味芬芳，袅袅不绝，玫瑰还得名"徘徊花"；又因每插新枝而老木易枯，若将新枝它移，则两者皆茂，故又称"离娘草"。无论是"刺客"还是"离娘"，玫瑰展现出一种隐藏于坚韧中的绝代风华，绝非韶华易逝的悲情贵妇之态。因此，玫瑰坚忍不拔的生命气质，对于兰州这座地处我国西北地区的城市是十分有象征意义的。

兰州市永登县苦水乡被称为"中国的玫瑰王国"。这里出产的玫瑰属重瓣红玫瑰，其特点是瓣大肉厚，色艳味浓，花产量、含油量和玫瑰油质量都很高，既有较高的经济价值，又有较高的观赏价值。因此，兰州选玫瑰为市花是有其历史与现实意义的。

乌鲁木齐：

1985 年 9 月，乌鲁木齐九届人大常委会第十八次会议决定，将玫瑰定为新疆首府的市花。

在被选为市花以后，玫瑰得到了一定的栽培和发展。上世纪 80 年代，乌鲁木齐市主要街道和公共场所，如光明路、人民广场一带，栽植了大量的玫瑰，对首府城市的绿化和市容美化起到了很大作用。每到花期，满街花香袭人。80 年代末期，在北京举办过两次中国城市市花博览会上，乌鲁木齐的玫瑰都有十分耀眼的表现，对提高城市知名度，树立城市形象起到了积极作用。

由于管理不善，自上世纪 90 年代以来，城市街道及其他公共场所的玫瑰都相继枯死。近年来，作为市花的玫瑰，几乎无法在城市中觅其踪影。这也直接导致乌鲁木齐百姓提出了重选或增选市花的要求。作为市花，乌鲁木齐的玫瑰可谓命运多舛，但愿在越来越注重精神文明建设的 21 世纪，乌鲁木齐的玫瑰能得以复兴，使其继续为百姓造福。

承德：

1984 年 3 月，承德市政府根据评选结果，决定将刺玫瑰确定为承德市市花。

用玫瑰花制做点心，在承德已有近 300 年的历史。据史料记载，每当康熙来承德避暑或去围场打猎时，都把此饼作为专供食品享用。鲜花玫瑰饼造型美观、色泽鲜艳、绵软酥脆，有诱人的玫瑰香气，是馈赠亲友的上好佳品。1983 年的 5 月，柬埔寨国家元首诺罗敦·西哈努克亲王夫人莫尼克公主访问承德市时，对这里的刺玫瑰十分欣赏。承德市就以此为契机，将刺玫瑰确定为市花。由此可见，玫瑰花在承德的发展历程必定更加长远。

 # 丁香（*Syzygium aromaticum*）

选丁香为市花的城市有内蒙古呼和浩特，青海西宁，黑龙江哈尔滨。

➤ 市花的史料与依据

西宁：

1985 年 3 月 23 日西宁市人大常委会第二十次会议，决定丁香为西宁市市花。

丁香是我国特有的名贵花木,已有 1000 多年的栽培历史。丁香在青海省也具有悠久的栽培历史,如乐都县瞿昙寺内就有一棵和这个建筑群同岁的暴马丁香,相传是明洪武年间栽植,距今已有 600 多年的历史,更被当地人称为"西海菩提树",誉为佛门吉祥光盛的象征。

虽然丁香很早就被选为市花,但是,西宁人民曾一度发现在街头难以寻觅到它美丽的花容。2006 年,西宁实施了一批重点绿化建设项目,加大市花丁香的栽植量,形成一批丁香道路、丁香花园、丁香小区,使青海首府西宁处处呈现山花烂漫,花香醉人的景象。2010 年,"中国青海绿色经济投资贸易洽谈会"期间,主办方特意举办了"丁香花会",从而进一步提升了作为市花的丁香的知名度。

丁香花色淡雅,气味芳香,被人们认为是爱情和幸福的象征,称之为"爱情之花"、"幸福之树"。西宁人总是喜欢采上几束丁香花,插在厅堂的花器中。一些年轻女士,更把丁香花插在头上或别在胸口,青春洋溢,美艳动人。

哈尔滨:

1988 年 4 月 12 日,哈尔滨市人大常委会确定丁香为哈尔滨市市花。

哈尔滨的丁香有着悠久的栽培历史。19 世纪末,伴随着大批侨民的涌入,各种树木、花卉也随之引进,丁香就是其中一种。丁香花的生命力很顽强,能绽放在北纬 45 度线上,深得哈尔滨人的宠爱。这里的丁香外表柔媚,但它的根紧紧地抓住土地,纤细的枝秆,劲健地支撑着一簇硕大的花冠,抵御着北方的风寒和干旱。初春,丁香浓香馥郁花飞全城;深秋,浓绿的叶子也久久不肯落下。哈尔滨人对丁香的深情,在于丁香的品格凝聚了塞北人独特的气质。她聚小而成大气,抗艰难而争上游,坚韧,顽强,生机勃勃。丁香是哈尔滨人精神的写照,丁香是北国历史的见证。丁香,秀美的花色,繁茂的花丛,把北国冰城装点得分外妖娆。

哈尔滨的丁香就像春天的使者,绽满枝头,如霞如烟。哈尔滨的春天实在是太短暂了。丁香就像春天里的一个梦,与哈尔滨的春天交相辉映。有了丁香花,哈尔滨短暂的春天就变得芳香四溢,美不胜收。春天的丁香花,夏天的太阳岛,冬天的冰雪,是每个哈尔滨人心中的挚爱。几十万株丁香装点着哈尔滨的街道、公园、庭院。丁香的花小如丁,数不清的小花汇到一起,一簇簇的,紫中带白,白中映粉。丁香,花香袭人,在花草中,它的香气最为浓郁了。倘若你漫步在哈尔滨街头,往往还未识其花容,就先被其花香深深吸引了,一代代的哈尔滨人就是在这沁人心脾的芬芳中梦想自己的未来。

茉莉 (*Jasminum sambac*)

以茉莉为市花的城市有福建福州。

➤ 市花的史料与依据

福州：

1985年2月8日福州市第八届人大常委会第十二次会议根据广大群众举荐，决定将茉莉作为福州市市花。

茉莉几乎与古城福州同在，2000多年前，茉莉就深受福州人民的喜爱。宋时福州已普遍栽培茉莉。现在福州城郊有许多成片栽培的茉莉园，为福州特产之一，且数量和质量都冠盖全国。它象征福州这座历史文化名城芬香四播。以茉莉花薰制的福建茉莉花茶亦久负盛名，远销海内外。

福州人对茉莉花有着特别的喜好，它曾经被妇女们别在头发上当装饰或串成项链挂在胸前。茉莉是福州农民赖以生存的经济作物，福州的茉莉花茶曾内销全国各地，外销40多个国家和地区，产量及出口量一度居全国之冠。它已经像榕树一样，深深地打上了地域文化的烙印，成为福州文化的一部分。一个城市，有特色才有魅力，茉莉花就是彰显福州个性魅力的一个重要元素。茉莉被选为福州市市花是十分能体现福州老百姓意愿和风俗的。

 ## 石榴 (*Punica granatum*)

以石榴为市花的城市有陕西西安，安徽合肥，河南新乡、驻马店，湖北黄石、十堰、荆门，山东枣庄，浙江嘉兴。

➤ 市花的史料与依据

合肥：

1984年9月25日合肥市人大九届八次会议定石榴为合肥市市花。

石榴为落叶小乔木或灌木，农历五月碧绿的丛株上，团团花朵似火光霞焰或洁白如玉，鲜艳耀眼。石榴枝干劲壮古朴，根多盘曲，是制作盆景的好材料。石榴耐瘠薄干旱、忌水涝、宜地栽。而花石榴和海石榴最宜盆栽。石榴繁殖容易，管理粗放，在合肥栽培历史悠久，种植广泛。人们把它看作宝贵吉祥的象征，习惯把石榴作为中秋赏月的佳品，以示合家欢聚一堂。

因此，合肥市选石榴为市花，是有其民俗特色的。

西安：

1986 年 8 月 13 日，西安市九届人大常委会第 27 次会议决定石榴为西安市市花。

石榴是水果佳品。据记载，石榴本出自现伊朗一带安石国，西汉张骞出使西域时将其引进中国，距今已有 2000 多年的历史。所以当时称为"安石榴"，简称石榴。由于西安盛产石榴，开的花大多是红色的，也有红白相间的，颜色非常鲜艳，当时妇女的裙子喜欢染成石榴花的红色，所以才会有人发明"拜倒石榴裙下"这句话来比喻男子对女子的追求。其中西安临潼石榴产量、面积和质量均居中国之首。骊山之麓，遍布榴园，初春嫩叶抽绿，婀娜多姿；仲夏繁花似锦，灿若霞光；深秋硕果累累，华贵端重；寒冬铁干虬枝，苍劲古朴，尤其以 5 月榴花红似火而被唐代诗人白居易赞为"花中此物是西施"，由于以上的这些渊源，石榴花被确定为西安市市花。

枣庄：

1986 年 10 月 16 日，枣庄市九届人大常委会第二十九次会议，通过了《关于市树市花的决定》，确定枣树为市树，石榴花为市花。

相传枣庄市的石榴是由西汉丞相匡衡从皇家御花园引入老家（今枣庄市峄城区）的，距今已有两千余年的历史。宋时，石榴在枣庄地区就由百姓庭院至附近山坡成片发展，现在的冠巨榴园在明清时期已形成。

石榴是产业链最长的果树，极适宜产业化开发。近年，在枣庄石榴作为市花，也作为一种经济型果树，得到了很好的发展。

 ## 琼花 （*Viburnum sargentii*）

选琼花为市花的城市有江苏扬州、台湾台东。

➤ 市花的史料与依据

扬州：

1985 年 7 月 18 日扬州市人大第一届十六次常务委员会议根据民意评选，

决定将琼花定为扬州市市花。

琼花为历史上罕见的名花，每年农历三四月间，正是琼花盛开的时候。每朵花大如玉盘，由八朵玉瓣小花簇拥着花蕊，微风吹过，散发出丝丝清香。历史上许多文人墨客为其写下了动人的诗篇，"隋炀帝下扬州看琼花"的故事更使此花披上了一层神秘的色彩，这些诗文强调琼花是扬州独一无二的产物。琼花之神秘 还在于传说和现实交织中的来无影去无踪。琼乃美玉，《诗经·卫风·木瓜》云："投我以木瓜 ，报之以琼花 。"何以以玉名花，又有一段美丽的传说。据传古时扬州有一 仙人 ，道号蕃厘，向人谈起仙 家花木之美，世人不信，他遂取白玉一块，种于地下 ，须臾之间，长起一树，有一丈多高，花如 白雪，蕊瓣团团，与琼瑶相似 ，香 气芬芳异常，与凡花俗卉大不相同，故取名为琼花。扬州博物馆收藏的清阮元题画的"琼花真木"石刻一块，所描绘的琼花图样与我们今天所见的聚八仙并无二致，由此推定古人所咏琼花就是今天的聚八仙。

在扬州，无论是在风光旖旎的瘦西湖畔、平山堂上，还是在瓜洲古渡的闸区、寻常百姓的房前屋后，到处是仙姿绰约的琼花。

 # 迎春花（*Jasminum nudiflorum*）

选择迎春花为市花的城市有河南鹤壁，福建三明。

➤ 市花的史料与依据

鹤壁：

1983 年 7 月 14 日经第三届鹤壁市人大常委会第十九次会议研究通过，迎春花被确定为鹤壁市市花。

迎春花历史悠久，不择土壤、好栽易活，又可药用，在鹤壁市城乡普遍生长，它的秀姿象征着奋发向前，蒸蒸日上，作为象征性的市花是有代表意义的。

迎春花被确定为市花后，为进一步普及和推广，鹤壁市城市绿化办于1989 年在枫岭公园举办了迎春花试展，并于 1990—1993 年在枫岭公园连续四届举办迎春花展。但终因迎春花花期短、品种少、又为小丛灌木，无法大面积推广种植，在民间还有"坟头花"之说，且群众认可度低，自发栽种积极性不高等原因形成了有名无实的尴尬现状。2008 年 12 月，九三学社鹤壁市委专家对迎春花进行研究和调查后认为：迎春花已难以承载起鹤壁市的形象、文化底蕴和精神风貌，难以引导城市规划和建设，不符合建设大城市和文化鹤壁、生态鹤壁的发展要求，建议通过有关程序，重选市花。

作为市花，面临这样的尴尬并非偶然，这也反映出了作为市花的花卉是需要时间和实践检验的。若与三明市花所述相比，以上形象衰退的原因似乎不是真正理由！

三明：

1991年1月24日三明市七届人大常委会第二十次会议决定，将三角梅和迎春花并列为市花。

迎春花因在百花之中开花最早，花后即迎来百花齐放的春天而得名，它与梅花、水仙和山茶花统称为"雪中四友"，是中国名贵花卉之一。迎春花不仅花色端庄秀丽，气质非凡，而且具有不畏寒威，不择风土，适应性强的特点，历来为人们所喜爱。北宋名臣韩琦吟咏："覆阑纤弱绿条长，带雪冲寒拆嫩黄。迎得春来非自足，百花千卉共芬芳。"它迎来春光并不是为了自我炫耀，而是为了百花齐放，一起沐浴和煦的东风，这不是一种"先忧后乐"的美德么？

迎春花，姿容平平，也无香气，它不像腊梅那样清高，也不像报春花那样柔弱，而是傲霜斗雪，不顾一切，热烈地先叶而绽放，犹如金光灿烂的繁星降落人间，一片喜气洋洋，每每给山城三明的春节增添一份喜悦。它没有梅花的凛然，没有水仙的亭亭玉立，也没有山茶花的丰盈，但它不拘水土，四海为家，落地生根，它来得大气，来得热烈，来得辉煌。或许这也正是三明人民喜爱着它并将其选为市花的理由吧！

 # 金银花（*Lonicera Japonica*）

以金银花为市花的城市有辽宁鞍山。

➤ 市花的史料与依据

鞍山：

1988年7月29日，鞍山市第十届人民代表大会常务委员会第四次会议通过了以金银花为鞍山市市花的决定。

宋代张邦基的《墨庄漫录》中记载这样一则故事：崇宁年间，平江府天平山白云寺的几位僧人，从山上采回一篮野蕈煮食。不料野蕈有毒，僧人们饱餐之后便开始上吐下泻。其中 3 位僧人由于及时服用鲜品金银花，结果平安无事，而另外几位没有及时服用金银花的僧人则全都枉死黄泉。可见，金银花的解毒功效非同一般。

因为金银花开花由白至黄，白黄并存，所以得名"金银花"。金银花花期长，分布较广，香味奇强，特别诱人，并有较高的药用价值。尤其是它具有很强的适应能力，耐寒耐旱，生命力强，适应鞍山地区的自然条件，受到鞍山人民的欢迎。金银花作为鞍山的市花，它象征着钢城人民在建设有中国特色社会主义道路上，不畏艰难，勇往直前，必将取得更加辉煌的成就。

栀子花（*Gardenia jasminoides*）

以栀子花为市花的城市有湖南岳阳、汉中，四川内江。

➤ 市花的史料与依据

岳阳：

1986 年 7 月 2 日，岳阳市一届人大常委会第十五次会议讨论通过了栀子花作为市花的决议。

岳阳市的历史文化悠久，是一座有两千五百多年历史的文化名城。一提起岳阳市，我们首先便会想起岳阳楼和洞庭湖，想起北宋范仲淹那首脍炙人口的《岳阳楼记》，想起唐代诗人孟浩然的名句"气蒸云梦泽，波撼岳阳城"。作为岳阳市市花的栀子花，四季长青。湘北地区主要有：黄栀子、大花栀子、小花栀子、斑叶栀子 4 种。栀子花易栽植，有"五月栀子闹端阳"之说，银花满市，胜似玉荷，洁白无瑕，清香馥郁，遍布巴陵，适应性强，分布面广，尤具本地特色，备受岳阳人喜爱。

栀子花的花语是："永恒的爱与约定"，是一种很唯美的寄托。又有一种这样的传说：栀子花是天上七仙女之一。如果真是如此，它不正象征了岳阳这样一个脱俗的外表下，蕴涵的是美丽、坚韧、醇厚的生命本质的名城吗?

紫荆（*Cercis chinensis*）

以紫荆为市花的城市有广东湛江。

> 市花的史料与依据

湛江：

1984年经广大市民评选，市民把紫荆花评为市花。

紫荆为豆科紫荆属落叶乔木或灌木。茎花丛生，形似彩蝶，却不忍离去，古时曾将紫荆花作为寄念亲人思乡之物。因广东湛江盛产紫荆，故有市花之誉。

 # 红花檵木（*Loropetalum chinense* var. *rubrum*）

选红花檵木为市花的城市有湖南株州。

> 市花的史料与依据

株洲：

2007年4月12日株洲市第十二届人民代表大会常务委员会第十三次会议决定：红花檵木为株洲市市花。

早在1986年，株洲市即开始市树市花评选。经市民的讨论和推选，最终樟树被选为市树，红花檵木被选为市花。虽未经市人大常委会认定通过，但樟树作为市树，红花檵木作为市花的观念在市民中已深入人心。

根据国家园林城市评选标准要求，2006年，株洲市再次在全市开展市树、市花评选，经过确定候选市树、市花，宣传发动和民主评选几个阶段，最终一致通过评定樟树为市树、红花檵木为市花，并在媒体上进行了公布。株洲此次评选的市树、市花为该市乡土植物种类，具有良好的景观效果、生态功能，适宜株洲地理和气候特征，已成为株洲城市基调树种和植物主调。

 # 黄刺玫（*Rosa xanthina*）

以黄刺玫为市花的城市有辽宁阜新。

➤ **市花的史料与依据**

阜新：

在 1991 年 2 月 5 日举行的阜新市十届人大常委会第二十次会议上，黄刺玫被确定为市花。

阜新市选择黄刺玫作为市花，代表了大多数阜新市市民的意愿。黄刺玫属蔷薇科，为阜新乡土树种，落叶灌木，耐寒力强，耐土壤干旱和瘠薄，枝条挺拔，节节向上，是阜新人自强不息、顽强拼搏的象征。其花期在 20 天左右，每年春末夏初开放，盛开时簇簇金黄，煞是好看。

与月季、牡丹被国内多个城市选定为市花不同，将近 20 年时间过去了，黄刺玫至今仍独与阜新结缘。可见，阜新人对黄刺玫是有其独到的感情的。

瑞香（*Daphne odora*）

选瑞香为市花的城市有江西南昌、瑞金。

➤ **市花的史料与依据**

南昌：

1985 年 10 月，南昌市人大常委会八届十七次会议确定月季、金边瑞香为南昌市市花。

金边瑞香是世界园艺三宝之一，自古以来，金边瑞香就以姿、色、香、韵俱佳而蜚声世界。被选为市花以后，为了让市花走近庶民，从 1996 年开始，南昌市园林绿化局延续三年在植树节前后举行过月季花赠送活动，并请有关专家介绍如何栽种，以及如何防虫、防病。然而，这些活动最终未能让市花真正走近市民。南昌市园林绿化局专家指出金边瑞香是种很高尚的花，不合适大片栽种，它喜凉爽、怕低温、忌烈日，夏季处于半休眠状态，一般只在春节前后开花，因此导致市区街道和市民家中都罕见市花。

然而，南昌市的市花金边瑞香，是瑞香中的珍品。据宋代《清异录》记载：庐山有一老和尚坐于庙后石凳上入定，迷梦中闻异香酷烈，欣然而起，便在四周芳草地中寻找，得浓叶香花一株，移植盆中，供于佛前，名之曰"睡香"，不久春节已至，花香不减，敬佛者益多，四方奇之，咸谓之老佛所赐，乃一年祥瑞之兆，遂改名瑞香。

此后，采种者日益增多，经过漫长岁月的人工莳养栽培驯化，并从瑞香花产生芽变的新品种中，筛选出了叶缘镶金边的金边瑞香。在南昌，金边瑞香经国内著名园艺专家、南昌市园林科研所原所长梁群众选育，曾一度在国内有了较高的知名度。金边瑞香花期长达两个多月，开花时，繁华似锦，花香浓郁，沁入心脾，有汇众花之精，集群香之灵之势，的确是一种姿、色、香、韵俱佳的名贵花卉，上乘年花，深受广大花卉爱好者的青睐。如今，买金边瑞香过年的人们越来越多，已成为一种新的时尚。

朱槿（*Hibiscus rosa-sinensis*）

选朱槿为市花的城市有广西南宁。

➤ 市花的史料与依据

南宁：

1986 年 12 月，南宁市第八届人大常委会第七次会议确定朱槿为市花。

朱槿，又称扶桑、假牡丹、大红花，花繁叶茂，四季有花，花大色艳；花色有深红、紫红、宫粉、澄黄和白色，很有特色。朱槿的根、叶、花均可入药，具有清热解毒、利尿消肿之功能，易繁殖、生快长，在南宁广为种植，既可地栽、盆栽，又可作为花篱之用。朱槿在被确定为市花以后，得到了更加广泛的种植，2002 年，全市植有 17 万多株、16 个品种，其中常见的品种有：大红花、粉喇叭、泰国黄、假牡丹、大红朱槿、黑牡丹、黄朱槿、吊钟、拱手花。

南宁人民还将朱槿视为友谊之花。在南宁召开的"中国—东盟博览会"的会徽就是根据朱槿花原形设计而成的，它由 11 条状似花瓣的缤纷的彩带组成，其造型很像一朵怒放的朱槿花。11 条彩带既代表着中国和东盟 10 国，也像无数挥舞着的手臂，欢迎东盟各国的代表相聚南宁，共话团结友谊，共商发展繁荣大计。会徽造型生动活泼，充分体现了"凝聚、绽放、繁荣"的寓意。

蜡梅（*Chimonanthus praecox*）

选蜡梅为市花的城市有河南鄢陵，江苏镇江。

➢ **市花的史料与依据**

鄢陵：

据知鄢陵蜡梅早在宋代已有栽培，而明清时期培育品种最佳，故有"鄢陵蜡梅冠天下"之说。

 叶子花（*Bougainvillea spectabilis*）

别名：三角梅，选叶子花为市花的城市有福建厦门、惠安，广东深圳、惠州、江门、珠海，海南海口，台湾屏东。

➢ **市花的史料与依据**

厦门：

1986 年 10 月 23 日，厦门市人民代表大会第二十三次会议上决定叶子花为厦门市市花。

叶子花属于紫茉莉科宝巾属的常绿攀援或披散灌木，木质藤本，叶质薄有光泽，花小，顶生，常三朵簇生于苞片内，三枚大苞片显著，为主要观赏对象。古时称它为"九重葛"，北方多叫"叶小花"、"三角梅"，香港则用译音"宝巾"称之。叶子花原产于南美巴西，引种来华，为时已久。其花品种繁多，花色丰富，有红、橙、黄、白、紫系列色泽及单瓣花、重瓣花和斑叶多种。叶子花刚柔并济，朴实无华，易于栽植，花色较多，可作盆景。因此，厦门以叶子花为市花，广泛栽种和爱护市花，既可以绿化和美化城市，又能较好地体现厦门的风貌、厦门人民的性格和厦门经济特区的腾飞景象。

深圳：

1986 年叶子花被选为深圳市市花。

在深圳，习惯把叶子花称为勒杜鹃，是一种常绿热带攀援灌木，原产于南美洲，它还有别名三角梅、贺春红，从这两个别名上可以看出，叶子花开放在冬天，与梅花齐放，是贺新春的花儿。其实，叶子花远远不止于冬天开放，它从每年 10 月起便绽放出花朵，花儿一直要蓬勃地开到来年 5 月。

作为市花，勒杜鹃深受深圳市民的喜爱，是深圳城市绿化的主要植物之一。在深圳，无论大街小巷、市政道路的绿化带、公园，还是住宅区的绿化、居民家的阳台，常常能看到一簇簇、一丛丛娇艳夺目，三个花瓣喇叭似地张开的紫色小花朵缀满枝头。正是以勒杜鹃为主的花儿，将深圳这座城市渲染得五彩缤纷，热情四溢。因此，这个新兴的特区城市将叶子花选为市花是城市特点的完美体现。

江门：

1982年，叶子花被选定为江门市市花。

叶子花喜欢温暖湿润、阳光充足的环境，对土壤要求不高，耐贫瘠，耐碱，耐干旱，生命力较强，可扦插繁殖，又可人工嫁接，花期很长，每到开花时，便似孔雀开屏，璀璨夺目。正是因为这些特点，江门市把簕杜鹃定为市花。

簕杜鹃成为江门市花后，白水带风景名胜区专门开辟了市花园。市花园里，种植了世界各地有名的簕杜鹃30多种，营造了形态各异的盆景和花球造型，还增加了文化内涵和科普功能，免费开放供市民游客观赏。开花时节，去赏花的市民络绎不绝。毋庸置疑，市花园在一定程度上宣传和推广了市花，具有特殊的意义。同时，针对市民们对在城区中不能轻易看到市花的情况的反应，江门市政府指示园林部门加大在城市各种公共场合的市花栽培，随着市花种植力度的加大，园林部门希望今后走在江门市区，大家能见到大红、粉红、紫色、白色、黄色等各色簕杜鹃满城竞放，花团锦簇，姹紫嫣红。不但可丰富街景，而且更加丰富了城市的色彩和文化底蕴。

屏东：

屏东市，位于台湾省屏东县的西方偏北。屏东市在气候上属于热带季风气候，是全台湾日照时数最长的城市，因而享有"太阳城"的美誉。此外，屏东市地势平坦，地下水源充沛，所以，屏东市物产丰富，椰树处处耸立、叶菜、牛蒡闻名全台，使得屏东市充满南国风情。

叶子花花色繁多，有紫蓝色、朱红色、桃红色、绛紫色、橙黄色等多种，适宜当地生长，花开时节，姹紫嫣红，绚丽满枝。所以，它的花语为热情，坚韧不拔，顽强奋进。屏东市把叶子花作为自己的市花，鼓舞着市民顽强拼搏，努力奋进。

鸡蛋花（*Plumeria rubra*）

选鸡蛋花为市花的城市有广东肇庆、山东济宁。

➢ 市花的史料与依据

肇庆：

鸡蛋花为夹竹桃科鸡蛋花属乔木。多分枝，花色如鸡蛋，可食。肇庆有许多百年以上的古鸡蛋花树，深受当地人民的喜爱，广为栽种，故选其为市花。

 ## 百合（*Lilium brownii* var. *viridulum*）

选择百合为市花的城市有浙江湖州，辽宁铁岭，福建南平。

➢ 市花的史料与依据

铁岭：

2002年4月28日，铁岭市四届人大常委会第二十三次会议上，经与会人大常委会委员表决，确定百合为市花。

铁岭的市树、市花评选活动自2001年3月份开始，经过广大市民积极推荐，专家学者及城建、林业、园林、花卉协会各个部门共同论证，2002年初，枫树、百合初步入选。据了解，枫树象征不屈不挠、昂扬向上，而百合则有朴实无华、吉祥顺利之意。

百合被定为铁岭市市花以后，百合栽培面积大幅增长。2002年以来，市区种植的百合近500万株，品种也不断增多，除了"香水"、"亚洲"、"铁炮"等10多个品种外，还引进了一些食用品种的百合。这些百合也给种花的花农带来了可观的经济效益。

南平：

1989年1月20日，百合花被定为南平市（今延平区）的市花。

南平市茂地镇有"百合之乡"之称，该镇栽培百合的历史较长，二十世九十年代开始大面积栽培百合鲜切花。南平市发展百合花产业在地理、气候和技术方面的优势十分明显。现在南平市百合花栽培面积达 1 000 亩以上，南平市延平区现有各类花卉种植面积 1 500 亩，总产值达 2 600 万元，每亩平均产值 1.8 万元；其中百合花种植面积 500 多亩，产值 1 500 万元，现有茂地、大横、夏道、塔前四个百合花生产基地；大横现代科技园区内的组培室，已经建设成为可大规模生产百合花所需的组培苗基地，生产基地内各种生产设施完备，鲜花的销售网络已发展到北京、上海、广州、杭州、厦门、福州等地。

在南平市，百合在人民心目中的地位随处可见，电视台、各类文艺活动都用百合作为宣传或者标记。所以，百合对于南平来说，带来了经济效益和精神文化的双重作用。

湖州：

百合，是湖州著名的特产，也是浙江百合的主要产区。据万历《湖州府志》记载，湖州人工栽培百合的历史已有四百多年，品种也较多。据清同治《湖州府志》载："百合，有红花者、黄花者、白花者。白花者又有千头百合，荷花百合，其白花而荷花瓣者最佳。"湖州种植百合由来已久，既有风味甘美、无苦味的，又有清香、微苦的。但风味甜美、无苦味的百合品种久已失传。目前的太湖百合，在分类上属百合科，百合属，卷丹种。有茎秆矮壮的苏白（团头）和茎秆高长的长白（尖头）两个品种，都具有鳞茎肥厚、个大心实、质地细腻、清香微苦的特点。

被人们誉为"太湖人参"的太湖百合，是一种珍贵食品。唐代著名诗人王维有诗赞曰："冥搜到百合，真使当重肉，果堪止泪无，欲纵望江目。"百合既是味美可口的副食品，又是营养丰富的滋补品。据测定，太湖百合含有丰富的蛋白质、糖、矿物质及多种维生素，它和一般蔬菜相比，蛋白质含量比番茄高 5 倍，比黄瓜高 3.5 倍，比大白菜高 1.6 倍。太湖百合可供鲜食，也可烘成百合干，制成百合粉。

 # 君子兰 (*Clivia miniata*)

以君子兰为市花的城市有吉林长春。

> 市花的史料与依据

长春：

1984 年 10 月 11 日，经长春市第八届人大常委会第十四次会议审议通过，并颁布了《关于命名君子兰为长春市市花的决定》，将君子兰作为长春市市花。

君子兰原产南非，19 世纪 20 年代从南非传入欧洲，19 世纪中叶由德国传入中国。当时，除了青岛租界栽培有君子兰以作观赏外，中国人一般难以目睹其芳容。1932 年伪满洲国建立时，日本人将君子兰作为名贵花卉献给溥仪，长春至此有了君子兰。其时，君子兰只在"皇宫"御花园中种养，供宫廷宴会、庆典摆设之用。寻常老百姓仍然难以见到它的身影。直到 1945 年日本投降，溥仪仓惶出逃，君子兰开始流落到民间。

君子兰流向民间后，受到人们喜爱。一些君子兰爱好者经过精心培养，培育出了许多新品种，其中最著名的是"和尚"、"染厂"、"油匠"、"大胜利"。此后，君子兰在长春有了较快的发展，热爱和栽培君子兰的长春人越来越多，极具观赏价值的君子兰新品种不断涌现。尤其是改革开放以后，长春的君子兰有了长足的发展，种植规模越来越大，温室栽培面积达 30 多万平方米，从事君子兰栽培的有 5 万多人，年产君子兰花卉 3 亿多株，成为了名副其实的君子兰之乡。

君子兰已成为长春人的骄傲，长春人民深深地爱着君子兰。君子兰成为长春市市花是实至名归的。

 # 芍药（*Paeonia lactiflora*）

以芍药为市花的城市有江苏扬州。

> 市花的史料与依据

扬州：

2005 年 1 月 5 日，扬州市五届人大常委会第十二次会议增补芍药为扬州市市花。自此，芍药与琼花并列为扬州市市花。

芍药，自古以来被视为吉祥和爱情之花，历代记载皆称：芍药"处处有之，扬州为上"，"芍药之种，古推扬州"。扬州的芍药历史上名闻遐迩，广陵芍药与洛阳牡丹齐名，早有"扬州芍药甲天下"之誉。据记载，扬州芍药栽培始于隋唐，盛于宋代，衰于元、明，复兴于清代。宋时蜀冈禅智寺、山子罗汉、观音与弥陀寺院都大量栽培，朱氏南北两圃芍药达5万～6万丛，盛极一时。

如今，扬州芍药已有上百个品种，再现当年风采。将芍药确定为市花，代表着扬州热爱芍药和复兴芍药的决心。

仙客来（*Cyclamen persicum*）

选仙客来为市花的城市有山东青州。

➤ 市花的史料与依据

青州：

青州仙客来以其得天独厚的自然条件和成熟的栽培管理技术，使得成株株型紧凑，叶片均匀，花色纯正，挺拔秀美，且花期长，适应性强，深受全国广大花卉爱好者喜爱。在青州仙客来销售中，最关键的就是要把握好上市时间，以求得较好的销量和较高的价格。青州仙客来一般是在自然花期，作为重要的年宵花卉供应元旦和春节用花，也可根据客户需求，利用花期控制技术，让仙客来提前或延迟开放。

大丽花（*Dahlia pinnata*）

以大丽花为市花的城市有河北张家口。

➤ 市花的史料与依据

张家口：

1986年，塞外名城——河北省张家口把这种来自美洲的大丽花选为该市市花，洋花变成了"宠儿花"、"骄子花"。

虽然不是生于本土，但是大丽花与这座山城人民朝夕相伴50余载，山城人对它有着特殊的情意，不仅喜爱它那娇艳夺目的花色，硕大富丽的花朵，接连不断的长花期，而且更酷爱它那适应山城环境的"皮实"劲，无论在高坡或平地，在庭院或街头，在机关大院或矿山绿地，处处有它的踪迹。

大丽花在山城人的精心培育养护下，如鱼得水，茁壮生长。每年花开之时，遍地繁花似锦，万紫千红，形成了酷暑盛夏时山城独有的美丽风光和特色，为这座塞外名城锦上添花，而山城人也更加珍爱它，为它举办花展，制作了以它为形状的各类徽章，还专门谱写了歌曲《可爱的大丽花》歌颂它的美丽，人花可谓相得益彰。

小丽花（*Dahlia pinnate*）

以小丽花为市花的城市有内蒙古包头。

➤ 市花的史料与依据

包头：

1985 年 6 月 27 日包头市第八届人民代表大会常务委员会第十五次会议通过将小丽花定为市花的决议。

包头市八届人大常委会第十五次会议听取了当时在任的乌杰市长《关于选定云杉、小丽花为包头市市树、市花的说明》，审议了市人民政府《关于将云杉定为包头市市树、小丽花定为包头市市花的议案》。为了激发各族人民热爱祖国、热爱故乡的情感，振奋革命精神，把包头市建设成为文明、整洁、优美的现代化城市，会议决定命名云杉为包头市市树，小丽花为包头市市花。

这一举措对促进包头市绿化、美化城市环境，丰富人民群众的精神生活，推进两个文明建设，具有重要的意义。

中篇

市花植物学特性与
栽培及观赏

一、十大传统名花

中国十大传统名花为牡丹、梅花、月季、兰花、菊花、杜鹃、山茶花、荷花、桂花和水仙。

 ## 牡丹

植物学特性与栽培技术

牡丹为毛茛科芍药属落叶小灌木，高1～3米。茎粗而脆，易折断，树皮灰褐色，常开裂而剥落。叶绿色或深绿色，2回3出复叶，互生，顶生小叶多呈广卵形；侧生小叶狭卵形、长卵形，边缘2～3浅裂。花有单瓣、半重瓣和重瓣之分；花色分白、黄、粉、红、紫、黑、蓝及绿色八大系。分中原品种群、西北品种群和江南品种群。中原品种群主要品种有盘中取果、玉板白、朱砂垒、黑花魁、肉芙蓉、银红巧对、洛阳红等；西北品种群主要有书生捧墨、雪海银针、贵夫人、铁面无私、金莲卧雪等；江南品种群主要有凤丹白、西施、微紫、玉重楼等。

牡丹为温带花卉，喜冷凉干燥的气候，在高温潮湿的环境中生长不良。在我国北纬30°～40°，年平均气温7～15℃的地区可正常生长发育，如黄河中下游地区的甘肃、山西、陕西、河南、河北、山东及北京周边地区。牡丹对土壤要求不严，但喜土层深厚、疏松肥沃、排水良好而又适度湿润的砂质土壤或富含腐殖质的黏质壤土，最忌积水，适应微酸性、中性至微碱性（pH6.5～7.5）的土壤。牡丹喜阳，但在夏季强烈的阳光下，叶缘会变成褐色，出现老化现象，严重者还会发生日灼现象，影响观赏。花期时，直射光会使一些品种花色减退，提前凋谢。因此，种植牡丹时，应创造半荫或有侧方遮阴的环境。

牡丹种子繁殖，通常在培育药用苗和繁殖砧木时采用。也可通过人工杂交，从播种实生苗中选育优良品种。但播种不能保持亲本的性状，且成苗时间长。牡丹嫁接时间多选择秋冬两季。秋分后常用居接，即不用挖出根砧，就地进行嫁接。将根砧上部枝条离地面约5～6厘米处剪去，然后嫁接。接后在嫁接苗上培一土堆，成活后幼苗生长旺盛。而晚秋和冬季嫁接时可用掘接，即将芍药或牡丹根砧挖出进行嫁接。牡丹在盆内生长4～5年后，就可采用分株方法进行繁殖。分株前，将牡丹从花盆中拔出，抖落附土，在通风处晾1～2天，待根系脱水变软后，根据根颈部与主枝结合处的生长纹理，用手将其分开。分株后的小苗要剪除病根和过于老朽的粗根。分株苗的伤口处，可涂1‰的硫酸铜液或硫黄粉。分株后，应阴干2～3天，然后上盆，盆土不宜过干燥，等其伤口愈合后再浇透水。

为使牡丹能在"五一"、"七一"和"十一"等节日开花，各地都摸索出了相应的管理技术措施。其中"五一"开花，在北京是正常花期，而在上海、洛阳等城市花期较早，仍需进行处理。"七一"、"十一"开花，主要采用冷藏抑制的手段，抑制花芽的生长，从而达到延迟开花的目的。一般认为在花蕾充分发育而尚未透色时冷藏处理效果最好。冷藏期间湿度不可过大，以免花蕾霉烂。为使"十一"开花，要在立秋带土球上盆，逐渐降低温度，置于0～3℃的冰室内，进行长时间的低温处理，使植株进入休眠并完成休眠，然后再提高温度至常温下打破休眠，置之荫棚下喷水、追肥，令花芽萌发而展叶、吐蕾、开花。

在牡丹的栽培过程中要注意酸碱度调节。浇牡丹的水，以 pH 值 7.3～7.7 最好。南方的水多为中性或弱酸性，北方的水多为中性或弱碱性。盆土过酸或过碱，会使盆土中某些营养元素变成不宜吸收的状态，使植株发生缺素症。如要降低 pH 值，一般可用农用硫酸亚铁（黑矾），按 3∶1 000 左右的比例投入水池内，调节到中性后可浇水。食醋也可降低 pH 值，并且还含部分营养成分，每隔 15～20 天浇一次 150～200 倍的稀释液即可。如要升高 pH 值，可用生石灰或石膏一部分，放入容器内，加水高度超过 15 厘米，待溶液沉淀后，取上部澄清液加入水池调节 pH 值。也可用碱性盐类硝酸钙，调节升高 pH 值。牡丹喜肥，盆栽后如长时间得不到养分的补充，会因饥饿而长势减弱，并易发生病害。人们往往会从主观意愿出发，让牡丹吃足肥料，快速生长，无限度地加大施肥量，引起烧根。平时施肥时应注意：追施液肥时，按低浓度稀释，配合浇水，多次浇灌；在盆土埋肥时，按规定量施入，不能图省事一次埋入过量而伤害植株。

观赏与应用

古诗云："春来谁作韶华主，总领群芳是牡丹。"在众多花卉中，惟牡丹色、香、姿、韵俱佳，素有"花中之王"之美誉，历来被奉为庭院珍品，早入皇家园林。牡丹是富贵祥和，繁荣昌盛的象征，常出现在园林、雕刻、绘画、工艺美术以及日常服饰之中，具有浓厚的中华民族文化历史色彩。

牡丹的观赏性很高，自唐宋以来，一直受到历代文人墨客、朝野上下帝皇权贵和百姓的喜爱和赞赏。称牡丹花为"国色天香"是源于唐诗名句"国色朝酣酒，天香夜染衣"。在我国历史上，赏牡丹的最出色一幕莫过于唐玄宗和杨贵妃在沉香亭牡丹园，找李白做新词谱乐曲，所写的三首《清平调》成为千古绝唱，"名花倾国两相欢，长得君王带笑看；解释春风无限恨，沉香亭北倚阑干"是也。诗中将杨贵妃比作牡丹花并深受君王的宠爱，这是何等场面。另有唐人皮日休诗"落尽残红始吐芳，佳名召作百花王；竞夸天下无双绝，独立人间第一香"，作出了很高的评价。随后，宋明清历代皇家园林与私家园林对牡丹的栽种、品种选育与品赏都是热衷的。北宋欧阳修写的《洛阳牡丹记》介绍了当时的'姚黄'、'魏紫'品种，道出了"洛阳牡丹名品多，自谓天下无能过"之状。

时至今日，中华民族又一次强盛复兴，全国人民生活水平日益提高，旅游、种花、赏花的情趣亦大为提高。就牡丹花卉而言，她的商品性生产和文化交流也出现了空前高涨。2009 年春夏之交，27 界洛阳牡丹花会的展出品种达300 多个，60 万余株，国内外观光者拥挤不绝，真是"牡丹娇艳乱人心，一国如狂不惜金"，古今一样。在当代人民的心中，唱响的《牡丹之歌》是最能表达这种真挚感情：啊，牡丹，百花丛中最鲜艳。啊，牡丹，众香国里最壮观。有人说你娇媚，娇媚的生命哪有这样丰满。有人说你富贵，哪知道你曾历尽贫寒。冰封大地的时候，你正蕴育着生机一片；春风吹来的时候，你把美丽带给人间。

现在，牡丹栽植已及全国各地，河南洛阳，山东菏泽，安徽宁国、铜陵，四川天彭，浙江杭州、建德、慈溪、北仑、嘉兴，上海黄家花园和北京中山公园、颐和园都是牡丹观赏胜地。洛阳和菏泽也是我国牡丹之乡。菏泽种植面积已达到 5 万余亩，收集品种 600 多个；洛阳牡丹种植品种已达 1036 种，是国家牡丹品种的主要科研基地。最近，由洛阳国际牡丹园培育的黑桃皇后新品种最为珍贵。

关于中国国花有牡丹和梅花作为候选者，都受到广大人民的喜爱，至今仍有争论，是双国花或单国花，若选其一，就比较难了。牡丹国色天香象征雍容华贵与繁荣昌盛；梅花幽香自若象征高风亮节、坚忍不拔。所以，我们是双国花拥护者。

牡丹不仅是中国人民喜爱的花卉，而且也受到世界人民的珍爱。如日本、法国、英国、美国、荷兰、意大利许多国家都有牡丹园栽植，而且品种亦多，它们大都从我国引入。

梅花

植物学特性与栽培技术

梅花为蔷薇科李属的落叶小乔木。株高3～5米，干呈褐紫色，多纵驳纹，小枝有刺，绿色，老干弯曲犹显苍劲。叶互生，广卵形，叶背脉上有毛。花单生或数朵簇生，无梗或具短梗，花瓣5枚，呈粉色或白色，香气清溢。南方花期于深冬至早春而北方则迟至3～4月。核果长圆球形，熟时黄色，果味极酸，果肉黏核，核面有小凹点。梅树寿命很长，可达数百年，少数达千余年，如浙江天台国清寺有一株隋梅，已有1 300多年，至今仍发新枝开花结实；湖北黄梅县有一株1 600多年的晋梅，还有昆明黑龙潭的千岁唐梅，亦见老枝吐蕾芬芳。

梅产我国，在四川、云南、西藏、广东、广西、湖北、江苏、浙江、安徽省的山区均有野生梅分布。野生梅的利用已有3 000余年历史，经长期的人工选育演化成今日的果梅与观赏梅两大系统。南宋范成是位赏梅、咏梅和记梅的名家，他撰写的《梅谱》是我国第一部梅花专集，并记载了梅花的嫁接技术。梅花是典型的"中国式"花卉，除日本外，国外栽培不多。在梅系生物学中可分为真梅、杏梅和樱李梅三系，其生长类型又分为直枝梅（枝直上）、杏梅（枝叶似杏）、垂枝梅（枝下垂）和龙游梅（枝扭曲）。目前，我国栽培梅花品种达3 020多种，观赏梅花有大红梅、台阁梅、照水梅、绿萼梅、龙游梅等品种。

梅性喜温暖湿润气候，自古以长江流域栽培为多。梅适应性强，喜光，喜土层深厚，但能耐干旱、忌积水。栽植土壤以微酸性土壤为合适，但也能在微碱性的黏土中生长。

梅花繁殖通常以嫁接为主，砧木常用梅、桃、杏、山杏实生苗，直枝梅2～3年生作砧木容易成活，杏砧次之。可用多种嫁接方法，早春3月去砧木顶部行切接或劈接，夏秋可作芽接。老梅干要用靠接成功率高。扦插成活率不高，采用一年生枝条切段留2节芽，在冬季苗床内进行；夏季用嫩枝经生长素（如100毫克每千克NAA）处理可提高成活率。压条通常在生长季节前期进行，母株旁挖一条深15厘米左右的沟，选生长健壮的1～3年生枝，用刀在枝条弯处环剥皮层，将伤处埋入沟中，覆土，生根后截离母株。种子有休眠性，夏收种子经沙藏后熟于春播萌发，可培育实生苗或作嫁接砧木之用。

梅花的栽培无特殊要求，只要选择适宜环境就能生长良好。施肥每年 2 次，即春季花后和秋季花芽膨大前进行。作切花栽培宜选生长势强，花多而密的宫粉型为主，以 2～3 米的株行距种植，幼苗短剪，培育成灌丛型，管理方便又能多产花枝。梅进入成年之后，生长旺盛，萌发枝多，需要在夏季重修一次并进行多次抹芽或对长枝摘心，以促进再生枝和多萌发花芽。对用于大片观赏的整体梅林以自然式的伞形为主。单株老树梅花或树桩盆景造型，则应根据原有树形进行整枝和必要的人工弯曲，蟠扎成疏枝横斜，以曲为美。与此同时，梅桩的管理，还要注意光照、水分、营养及其生长抑制剂多效唑（PP333）的综合控制，才能有效地使桩型矮化。据试验，用 1 000 毫克每千克 PP333 液浸梢 2～3 次或对梅桩浇灌 1 升可以明显抑制枝梢的生长，促进开花。老桩盆栽吸收功能差，可采用叶面喷施养料，以 0.3％尿素、1％过磷酸钙、0.5％磷酸二氢钾以及 0.2％硼酸和硫酸锌各自或组合使用之。

在梅花的栽培管理过程中要注意药害问题。因为梅树对某些农药有较强的敏感性，如果使用不当，会造成药害。如乐果、氧化乐果等使用后，轻者叶片脱落、树体受损，重者植株死亡。此外，梅对铜离子较为敏感，在生长季节，不宜使用波尔多液。病虫害防治应以预防为主，若病虫害一旦发生，要走综合防治的道路，尤其是一些生物杀虫剂或杀菌剂的运用对环境污染较小，有效期也较长，而不能一味地简单采用化学防治方法。

观赏与应用

梅花是我国特有的传统名花，是中华民族的精神象征。据知孙中山推翻清皇朝后，建立中华民国，用五色国旗象征各民族团结，并用梅花五个花瓣象征五色旗。从此，梅花被人们称为中华民族的象征。这不仅是因为梅花色香姿韵俱佳，有"花魁"、"花神"之美誉，而且她独步早春，不怕严寒。而孕蕾斗雪开放的精神，历来被文人墨客所赞赏，故将其与松、竹合称"岁寒三友"，又与菊、竹、兰并称"花中四君子"。所以，它最宜植于中国式庭园中，每当春节前后，冬残未消之时，表现出"寒梅雪中春，高截自一奇"的骨气。历代文人咏梅、画梅甚多，其中陆游咏梅寓意深沉，"无意苦争春，一任群芳妒。零落成泥碾作尘，只有香如故"。毛泽东读陆游《卜算子·咏梅》反其意而用之，以乐观精神道出了"俏也不争春，只把春来报。待到山花烂漫时，她在丛中笑"的另一种意境。

赏梅情趣各异，北宋诗人林和靖，他酷爱梅花，隐居杭州孤山，终生一人与梅鹤为伴，故有"梅妻鹤子"的雅称。他的《山园小梅》一直为世人所推崇:"众芳摇落独暄妍,占尽风情向小园。疏影横斜水清浅,暗香浮动月黄昏。霜禽欲下先偷眼,粉蝶如知合断魂。幸有微吟可相狎,不须檀板共金樽。"其中,"疏影横斜水清浅,暗香浮动月黄昏"二句堪称千古绝唱。另,宋人卢梅坡有两首《梅雪》诗也是很有情趣的。其一:"有梅无雪不精神,有雪无梅俗了人。日暮诗成天又雪,与梅并作十分春。"其二:"雪梅争春未肯降,骚人搁笔费评章。梅须逊雪三分白,雪却输梅一段香。"这是多么美妙的感受和评说啊!

梅花独树或数株栽于庭园可以观赏品味,而园林成片栽种则别有一番景观。我国江南有四大梅园,即武汉梅园、南京梅园、无锡梅园和杭州灵峰梅山,它们栽种历史久,面积大,品种多。此外,上海淀山湖梅园、莘庄梅园、苏州光福香雪梅、太湖西山梅园,杭州超山、杭州西溪、广州罗岗、昆明黑龙潭公园和青岛梅园等都是名园。这些梅园各有特色,都是很好的游览胜地。梅桩盆景是我国盆景的佼佼者,非常注重意境创造,则需要从桩景的艺术角度去欣赏。笔者写过《九峰梅桩》诗:"九峰书院春色新,闲趣访友入园林。忍看梅桩香消瘦,止留骨格示与人",表示了梅桩的特有神态。

 ## 月季

植物学特性与栽培技术

月季为蔷薇科蔷薇属常绿或半绿灌木、直立或蔓生,大都有皮刺;奇数羽状复叶,小叶卵形或椭圆形,叶缘有锯齿。花单生枝顶或成伞房及圆锥花序,萼片与花瓣5,但栽培品种多为重瓣,有花盘,雄蕊多数,着生于花盘周围,花柱伸出,分离或上端合成柱。聚合果包于萼筒内,红色,含核果2枚。花色多样,有红、黄、粉、白、黑红、绿紫和复色,多具芳香味。按花期分四季健花种,两季种和单季种;按植物形态分有直立型、蔓生型、地被型和微株型;按切花分有月季玫瑰和蔷薇两类。当今,月季栽培品种很多,多达5万余种。不过许多老品种经变异或淘汰,即便新引进的品种,在栽培过程中也会变异,只有编号的专家才清楚。

月季与玫瑰、蔷薇同宗都由野蔷薇选育演变而来。其中部分原产我国,部分种原产西亚及欧洲,目前,世界各地均有广泛栽培,近百年来,欧美国家,在月季花育种上取得很大成就,培育出许多新品种。值得指出的是,早在18世纪,中国月季传入英法国家,并与当地玫瑰杂交,培育了新品种,所以,在现代月季的生命里，有着中国月季的一半基因。近年我国主要栽培品种是引自国外的品种，但一年多次开花的月月红是中国血统。按照其来源及亲缘关系可分为三类：①自然种月季花，未经人为杂交而存在的种或变种，故又称野生月季花，如野蔷薇（*R. multiflora*）。②古典月季花，即现代月季的早期杂交品系，构成了中国月季系（*R. chinensis*）。③现代月季花，则由国内外品种反复多次杂交培育而成，新品种层出不穷，它包括大花月季系（GF）、壮花月季系（G）、微型月季系（Min）、蔓生月季系（R）以及地被月季系。

月季花性喜温暖，土壤肥沃，湿润，光照充足的环境，光照不足时生长细弱，花朵变小而少开；夏季高温烈日时，适当遮荫有利于生长发育。月季虽耐低温，但夜间低温低于10℃时，就会影响开花。然而，四季温度的交替对月季的正常生长发育和病虫害防治还是有好处的。

月季主要用扦插和嫁接繁殖，育种时应用播种方法。扦插一年四季均可，适宜在4～6月间进行。选用一年生枝或刚开过花的枝条，切取长10～15厘米的一小段，带1～2枚叶片，插于沙、蛭石混合苗床，保持半阴半湿环境，20～30天形成愈伤组织，40～50天发根成活，成活率高达90%以上，扦插枝当年可长高50～80厘米，来年出圃定植进入开花期。嫁接砧木可用扦插苗，也可采用实生苗。通常使用蔷薇及变种，如野蔷薇（*R. multiflora*）、粉团蔷薇（*R. multiflora* var. *cathayensi*）或七姐妹（*R. multiflora* var. *platyphylla*），也可用月季实生苗。芽接在夏季或秋季进行，而枝接宜在早春发芽前进行。播种法主要在培育新品上采用。秋季果实成熟呈红黄色时采收（有的品种已退化不结实），种子有休眠性，经低温沙藏后熟，于明春播于温棚苗床，一个多月萌发出苗。经夏季生长幼苗可达一米左右，次年移植剪枝进入开花期。月季实生苗早期开花的特点，给创造新品种提供了有利条件，因为种子的变异性很大。

现代月季栽培管理中的施肥、修剪及病虫害防治都是非常重要的，另有切花月季的无土栽培技术亦要求掌握。一般月季入冬时要重修一次，保留健壮枝下半段，而弱枝老枝均剪去，还要施肥护土，有利于明春健壮更新。月季是家庭喜种的一种花卉，因为它易扦插，易栽种。月季为深根系，最宜庭园栽种，喜光、耐肥，一年四季可施几次农家肥，外加一次复合化肥，结合修枝就可保持月月花开不败。

月季栽培管理中最常见的疑难问题是如何帮助月季越冬。健壮的植株更能经受冬季严寒的考验，因此生长季节要加强管理；入秋后多施磷、钾肥加速枝干木质化；入冬冻结前浇透冬水，使土壤开始冻结，第一次寒风袭来之前完成防寒保护措施。对健壮的成长植株，可采用根部堆土防寒。浇透冬水后，去除过长枝条，适当捆扎好然后堆土至 30 厘米高则可。注意不要在植株周围就地取土，这易使根部受伤并减弱根系防冻能力。对较大型的植株，为保持上部枝干能安全越冬，不致冻死吹干，而要在西、北面设置风障。对新种根系较小，不大健壮植株，要整株包裹后再用土堆埋。树状月季要特别注意保护树冠，要整株包裹，并设置风障。

观赏与应用

当今，切花月季是世界花卉市场上最重要的切花之一，每年月季产量达 50 多亿枝，足可见月季的爱好和观赏是世界性的。近 20 年来，我国月季花卉生产大幅度上升，月季切花既是国内市场大宗消费花卉，也是出口的主要花卉品种之一。我国自古以来喜爱月季，无论古代园林或民间庭院都有栽植月季的习惯，因为它容易栽种，花期长而花色美观，并赢得了"花中皇后"的美誉，是我国传统十大名花之一。古诗云："天下风流月季花"，可见它美丽出众让人倾倒。"只道花开十日红，此花无日不春花"，更点出了月季花的独特神韵，颇有民间百姓的评价。宋代徐积《咏月季》有着更多赞美，值得共赏之："谁言造物无偏处，独遣春光住此中，叶黑深藏云外碧，枝头常借日边红。曾陪桃李开时雨，仍伴梧桐落叶风，费尽主人歌与酒，不教闲却卖花翁。"由此可见月季花期长，从春开到秋，而且碧叶丛中一点红，无比娇艳，非常美妙。为此赏花者无不饮酒欢歌，卖花翁岂能闲却。

当今月季花种类很多，不要说国外的现代品种而国内的地方种群亦不少，有如小月季、月月红、变色月季、大花月季、丰花月季、藤蔓月季、微型月季和地被月季。各种月季都有自己的特点，因此，它们在园林中的布局和观赏性也不同，在商品产业中作用也不一样。现代大型月季，是中国月季与西方玫瑰的杂交产物，英文名叫 Rose。它花色美艳而不娇嫩，且有时代气息，是一种有着高雅的大众文化之花。月季视为幸福的象征，爱的使者，如今，亲朋好友和恋人之间的交往，常以月季增之。2008 年北京奥运会颁奖花束采用"中国红"月季 9 枝组成，以表示至尊荣誉。

"Rose"翻译成中文其实是玫瑰，不细看，人们往往会将月季与玫瑰混淆。平时我们在花店见到的玫瑰，其实并非真正植物学意义上的玫瑰，而是月季。虽然它们同属蔷薇属，但是，月季花枝挺拔，花色丰富，且一年四季都能开花，而真正的玫瑰刺多、花小、颜色单一，且花期短。由于经过长期的杂交，月季具有了玫瑰的血统，所以人们多误用"玫瑰"之名称呼月季。

 兰花

植物学特性与栽培技术

兰花为兰科兰属多年生常绿宿根草本花卉，肉质根，乳白色。根茎合轴分枝，具有大小不一的假鳞茎（真鳞茎如洋葱），假鳞茎生多片带状叶。花序由一年生假鳞茎基部抽出，有花1朵至10多朵。唇瓣三浅裂或不明显，中裂片有时反卷，侧裂片有两条纵向平行的隆起，称褶片；蕊柱长，花粉块二，生共同蕊柄上，有黏盘。花色有白、粉、黄、绿、深红及复色，具芳香。

兰花植物家族十分庞大，全世界的兰花植物约有700余属，2 000余种（不包括变种和栽培种）。期中兰属（*Cymbidum*）大约50种，我国30余种。全球兰属植物的分布中心是喜马拉雅山，以及我国与东南亚国家，因此，我国是兰属植物的分布中心之一。国人一般把中国兰称为国兰，把国外兰称为洋兰。唐代李白诗云："幽兰香飘远，蕙草流芳根"，由此表明种兰、赏兰在唐代已得到发展。直到南宋迁都临安（杭州）后，浙江、江苏、福建一带养兰之风日盛，并培育了春兰、蕙兰、寒兰、建兰、墨兰等许多品种。清代陈淏子《花镜》（1688）一书对欧兰、蕙兰、建兰、箬兰和凤兰的形态和栽培方法都作了详细记载。中国近代百年，兰花事业受到挫折，直到20世纪80年代改革开放之后才得到迅速发展。1987年中国兰花协会成立，全国各地的兰花协会也相继出现，全国性的、地方性的兰花博览会及其花发展不断举行，以为广大兰友切磋兰艺。

目前，我国兰花常见栽培种有国兰与洋兰。洋兰主要是指蝴蝶兰（*Phalaenopsis*）和卡特兰（*Cattleya*），本处只限于国兰的五大类。

①春兰（*C. goeringii*）又称草兰、山兰、独头兰。植株矮小，根肉质而不分叉，假鳞茎很小，叶狭带形，4～6枚集生。花葶长5～10厘米，花开一朵，偶2朵并生，花淡黄绿色或带红色，1～3月开放，浓香，主要分布长江流域及西南地区。另有春兰变种春剑（*C. goeringii* var. *longibrateatum*），主产四川，植株健壮，花开数朵，为珍品；春兰是我国兰属植物中分布最广，最常见的一种兰花。园艺上根据花瓣形态与色泽不同，又将春兰分为梅瓣、荷瓣、水仙瓣、素心和奇种。春兰的传统名花是'宋梅'、'大富贵'、'万字'、'龙字'、'绿云'、'老文团素'。组培新品种有'雪兰'、'春素'、'春剑'、'春

剑素'.

②蕙兰（*C. faberi*），别名九节兰、九华兰。根较粗长，假鳞茎明显；直立性强，叶片7～9枚集生，长40～50厘米，宽约1厘米，叶缘具细锯齿。花期3～5月，花葶高30～80厘米，花数5～15朵，浓香。蕙兰与春兰的主要区别在于蕙兰个体较春兰大，直立性强，叶片多，开花数亦多。我国秦岭以南盛产，江浙一带久经栽培。蕙兰传统品种不少，有四大家是：'程梅'、'大一品'、'楼梅'、'翠萼'。

③建兰（*C. ensifolium*）又称夏兰，直立性强，叶5～6片，长30～60厘米，宽1～2厘米，叶缘有细齿。花5～9朵，花序上部的苞片短于子房，花被淡绿黄色、白色，也有粉色、金黄多色，花香浓郁，花期5～9月。建兰主产福建而得名，其实，浙江南部，江西东南部，广东东北部，台湾地产量之丰，质量之优，广为人知。建兰分为彩心和素心两大类。彩心的为原变种，素心的为变种。建兰品种很多，如梅瓣花类的'一品梅'、'岭南第一梅'；荷瓣花类的'君荷'、'王彩荷'；奇花类的'雄师'、'猫鹰'。

④寒兰（*C. kanran*）假鳞茎集生成丛，呈长椭圆形。它的根比建兰细而长，常有分叉根。叶3～7片，直立性强，宽1.5～2厘米，叶缘无齿或有极细齿。花葶长达40～60厘米，高于叶丛，着花6～16朵，花大，萼片窄长；花有黄绿、淡红褐色。花期10～12月，浓香。寒兰分布与建兰相差不大。只是原产山地海拔要高一些。寒兰名优品种按花型分为9种类型，如梅形类的'三星梅'，银彩荷类的'冠荷'，素心寒兰的'橘红素'。

⑤墨兰（*C. sinense*），别名报岁兰，近似寒兰，假鳞茎大而显著，叶片4～5片，宽1.5～4厘米，边缘平滑无齿。花期自冬季至早春。花序长40～60厘米高于叶丛、着花7～20朵，花序中部的苞片不及1厘米，明显短于子房，花色由浅绿褐至深褐。植物学上以其花朵近墨色而命名为墨兰。常见品种有'秋榜'、'秋香'、'小墨'、'长汀墨'、'徽州墨'。

兰花因具假鳞茎耐旱力强，也能耐低温。兰花属阴生植物，喜清凉湿润的生态环境，忌强光和积水。但是，为使兰花正常生长发育和光合作用，每天必须有5～6小时自然光照或全日的散射光。

兰花繁殖主要采用分株繁殖。分株时间宜在新芽未露之前，通常早春开花的种类在秋末分株，秋天开花的种类在早春分株。分株前要让盆土干旱，将盆苗取出，剪除腐根和老叶一部分，并从假鳞茎相距较宽处剪断。栽植应根据分株苗大小选择花盆，盆低空大，盆脚宜高，便利排水。兰花亦用播种繁殖，一般作杂交选育所需。兰花经开花后结果，约经6～8个月后才成熟，为开裂蒴果，种子细小。每个蒴果含种子数万至数十万粒之多。种子胚发育不完全，只有几个细胞且没有胚乳，所以，种子很难萌发。它的发芽必须依赖外部供应养分，其中主要则由刺激它萌发的菌根提供，这在特定生态环境下是存在的。现在人工栽培条件下，只有在人工培养基上培养。在25℃下以获得萌发，待种子萌发后，移至弱光下能形成原胚状，再形成小苗需半年至1年才能成植株。

种兰的基质多为不含养分或含量不高的有机材料，如蕨类根茎、木屑、泥炭、松针土、腐殖土、椰壳纤维、花生壳纤维，相互混合，透性好，并能逐步释放出一些养分，可长期使用。在培养过程中，需要添加无机化肥及氮、钾、磷复合肥，还要外加稀释的有机肥和腐熟的禽粪及豆饼肥。速效肥与缓释肥要配合使用，但不能过量，切忌大肥大水。

兰花的栽培过程中要注意兰株烂芽和兰根枯烂的防治。对于兰株烂芽的防治，力避水、肥、药渍伤，浇喷水、肥、药后，要加强通风，以吹干淤积于芽鞘心部的水分；避免意外撞伤；遮阴勿太过，适当增加光照量；增施磷钾肥，喷施植物动力2003、阿司匹林药液，以提高免疫力。对于兰根枯烂的防治，注意控制基质的干湿度，确保有充足的散射光照，加强叶面施肥，喷施兰菌王等促根剂；兰苗移植后，以四川产的华奕牌兰菌王药液浇施基质，以减少或避免根群干枯，并使新根早日长出；不要浇施过浓助壮激素农药，以避免激素危害。

观赏与应用

兰花成丛，种在盆内称盆兰，具有独特的风雅神韵，内涵极为丰富。欣赏兰花通常以它的形态与色、香、韵来评价。兰花集观花和观叶于一身，株体素洁，却生意盎然，怡然自得，给人一种清新高雅的美。纵使无花也一样碧玉，楚楚动人，不会有花开花落，烟消云散的伤感。春兰、蕙兰的叶片以稍阔微挺而垂软为好。花是兰之精华，最为人们所喜。花枝亭亭玉立，风姿绰约，如凤蝶，似荷、梅，三出的花瓣环抱蕊柱组成人脸的画面，更显得风韵。花瓣以嫩绿为佳，唇瓣无杂色为好；香气以幽香富足为上品，清秀不足为中品，香气甚少者或无为下品。

兰花是所有花卉中最富人格化的魅力，释放兰文化的异彩。兰花文化的奠基人是孔子。孔子曾说过："芝兰生于山谷，不以无人而不芳，君子修道立德，不为穷困而改节。"这句名言确实成为后来仁人君子做人立格的准则，也成为中华民族自强不息和甘为淡泊名利的美德。再者，屈原在《九歌》中赞道：

"春兰兮秋菊，长无绝兮终古。"以春兰秋菊花香相比，歌颂其自强不息精神与自生不灭的品性。这也构成了兰菊文化的基础，惟有这两种花才得到两位文化伟人的喜爱与赞颂。

应该说，兰花的栽种、观赏，始于唐，发展于宋，盛于明清，浙江是春兰、蕙兰的发祥地。早在2 000多年前春秋末期，越王勾践已在绍兴渚山种兰，山下的驿亭成为兰亭。东晋王羲之，因喜欢这里的兰花而邀请名士在此聚会，才写下《兰亭集序》。据知兰花名品'宋梅'、'绿云'即由绍兴人培育，而'梅兰'出于兰溪，至今，兰溪、绍兴仍是浙江花种养植的集散地。建兰主要产于福建，建兰以素心为贵，而素心的故乡就在龙岩山区。当地有这样俗语：龙岩有三宝，采茶灯、沉缸酒、龙岩素。足以说明龙岩对兰花的重视和喜爱。如今，浙江、福建、湖北、四川、广东、云南、台湾省等地都不断地推出兰花新品种。大半个南方中国是兰花的故乡，而山东曲阜也喜欢兰花，选兰花为市花。正是因为曲阜有着与孔子有关的兰文化，所以才与兰花结下不解之缘。

兰花具有很高的美学价值，这不仅表现在它的自然美，而且产生了人格化的内在美。自古咏兰诗词甚多，自唐宋以来居多，以下仅列举宋、明诗两首。宋·杨万里《咏兰》："健碧缤缤叶，斑红浅浅芳；幽谷空自秘，风肯秘幽香？"此诗写出了兰株之美，似乎幽兰孤芳自赏不让人们知晓，可是风却把这芳香透露出去了。明·余同麓《咏兰》诗："手培兰蕊两三载，日暖风和次第开；幽久不知香在室，推窗时有蝶飞来。"兰花幽香久闻而不香，当打开窗户时芳香飘远，被蝴蝶感知了，这是多么美妙的传神之笔啊！

当代名人朱德与陈毅、张学良都是兰花爱好者，都写过咏兰诗。朱德元帅酷爱兰花，且很有研究。把采集的井冈山兰花命名为井冈兰带回中南海栽种并赋诗："井冈山上产幽兰，乔木林中共草蟠。漫道林深知遇少，寻芳万里几回看。"据知朱德咏兰诗很多，可惜大多没有发表。陈毅有诗云："幽兰在山谷，本自无人识；只为馨香重，求者遍山隅。"张学良视兰花为花中君子，他写过一首《咏兰诗》："芳名誉四海，落户到万家。叶立含正气，花娇不浮华。常绿丰严寒，含笑度盛夏。花中真君子，丰姿寄高雅。"1993年，张学良还将他的"爱国号"名贵兰花在中国第三届花卉博览会期间赠送给江泽民主席，也传为佳话。这都道出了爱兰者的心声。中国画家画兰甚多，自宋至今，不乏其名画佳作，也成为兰文化的重要组成内容。他们画兰，表现出兰花淡泊、高雅之神韵，画如其人，以追求画品的人格化。

今天，我们国家强盛，广大人民生活水平提高，种养兰菊之风渐盛。但是，在兰花展览会上，在品评兰花珍贵品种级时，却成为不应有的兰花商品交易，一盆珍稀兰花竟能拍卖出几十万，几百万甚至上千万的天价。这样的炒作交易完全失去了传统喜欢兰花、品尝兰花的初衷，致使以上兰文化的论述也失去光彩与价值。

 # 菊花

植物学特性与栽培技术

菊花为菊科菊属宿根性亚灌木或多年生草本。株高60～150厘米，全株具柔毛，叶卵形至广披针形，缘有钝齿或深裂。头状花序，单生或数朵聚生枝顶，由舌状花和筒状花组成。花序边缘为雌性舌状花，花有白、黄、紫、粉、橙、红、淡绿、复色；中心花为管状花，两性，多为黄绿色。种子（瘦果）褐色，细小有毛。菊属约有30个种，我国17种，有菊花、毛华菊、紫花野菊、野菊、小红菊、甘野菊等，所以现代菊的原始种是多个野生种之间的天然杂交选择而成的。如今，菊花品种丰富，全世界有2万个之多，我国有3000个。在园艺培育上，可按花期、花型、花大小、花色、花瓣、叶型以及栽培方式分类，其中，依花型划分是最主要的，如果把花瓣型和花色加上，则能很好地认识与区分各类品种的特点。目前，主要花型有单瓣型、重瓣型、勾瓣型、垂珠型、毛刺型、托桂型及满天星小菊7大类。其花瓣类型可分为：平瓣类、匙瓣类、管瓣类、桂瓣类、畸瓣类包括30个花型和13个亚型。花色一般划分为白、黄、棕、粉、红、紫、墨绿、复色8种。

菊花原产我国，栽培历史悠久，早在古籍《李记》月令篇中有"季秋之月，鞠有黄华"之句，用菊花指示月令，意指秋季才有黄花菊开放。汉时以将菊花作为药用栽培，至唐代发展为观赏花卉，宋代种菊、赏菊盛极一时，南宋杭州京城，每年秋季还在宫庭举行菊花赛会，饮酒，赏菊，赋诗。当时，刘蒙的《菊谱》收有菊花品种163个，至清朝菊花品种已有300余种，那是天然杂交变异经人工选育而成，所以发展是比较缓慢的。目前，全世界菊花有上万个品种，人工培育手段大大加快了新品种的产生。1990年"中国菊花研究会"成立，并举行了多次全国性菊花展，而地方性展览则年年有。李鸿渐的《中国菊花》（1990）问世，可谓集我国菊花之大成并由中国菊花研究会同意定名302个优良观赏品种。

菊花性喜凉爽、通风环境，较耐寒，根部覆盖可以露地越冬，适应性强，在富含有机质的疏松肥沃、排水良好的砂质土壤上生长良好。对酸碱要求不严，土壤 pH 值中性，但在一切低洼盐碱之地不宜栽种。菊花抗旱，但不耐潮湿，最忌积涝屯水。喜温暖，一般温度在 20℃左右，最能促进其生长发育，但亦能耐 5～10℃的较低温度。因此在南方，多数品种可以在陆地越冬栽培，在淮河以北则可采取盆栽形式，置入室内越冬。菊花为短日照植物，每日日照时数须在 12 小时以下，夜间气温下降到 10℃左右，才会促使花芽分化，因此菊花一般到十月中旬能绽蕾开花。

菊花的繁殖有扦插、分枝、嫁接、播种等方法，但以扦插为主。菊花的扦插期宜在 5～6 月间进行，切段长 10 厘米左右，带 2 个节芽，去下部叶片，插于沙基苗床或盆中遮荫保湿在 16～22℃下，15～20 天生根成活。随后按生产需要进行定植与培育。菊花栽培品种多种多样，主要有地菊、大立菊、标本菊、悬崖菊、塔菊、盆景菊等，但以地菊、大立菊和标本菊为基本。

1. 地菊 可供切花之用，需筑高地良好花圃，扦插成活后，以株行距 30～50 厘米定植，在幼苗 5～6 片叶时，保留 2 叶摘心以促使分枝，育成 2 侧枝后再保留 2 叶第 2 次摘心，反复摘心至 8 月上旬进行平顶，将各侧枝在同一高度行最后 1 次摘心，并选留 10～16 个健壮枝条培养开花。

2. 标本菊 通常培养独朵或 2 朵花，花盆栽，可供菊展与摆设之用。在初夏将扦插苗定植于口径 20～30 厘米花盆中，幼苗 4～5 叶片时摘心整形，长出腋芽后，留 1 个健壮顶芽（独本）或 2～3 芽；随后，在 7 月间宜用 2% 矮壮素（CCC）200 毫升溶液加入盆中，使植株粗壮矮化，叶色深绿，促进开花，株形变得美观。

3. 大立菊 培养大立菊宜选用大花或中花、生长健壮、分枝性强、枝干柔韧、节间较长的品种。通常用青蒿或黄蒿为砧木嫁接培育（冬季宜在温室内培育），当苗长到 6～8 枚叶片时，进行第一次轻摘心，待侧芽萌发后留 3～4 个生长势均匀且健壮的侧枝作主枝，下部其余的侧枝均摘除。当主枝上长出 5～6 枚叶片时，留 4～5 枚叶片进行第二次摘心。如此，经过 4～5 次以上的反复摘心，使生产大量侧枝，并注意保持各侧枝生长势均衡。7 月底至 8 月上旬进行最后一次摘心，并在植株的中间靠近主干处插入一根细竹，以固定主干，四周再插入 4～5 根竹竿，以引绑侧枝。此后，加强对苗株的肥水管理，及时摘除侧芽、侧蕾，保留枝端主蕾。当花蕾直径达 1～1.5 厘米时，用竹片支撑平顶形或半球形的竹圈套在菊株上，并与各支柱绑扎牢固。然后用细铅丝将花蕾均匀地绑扎在竹圈上，继续做好养护，直至开花。大立菊 1 株可开花数百朵至数千朵，适宜应用于展览会或厅堂宽敞场所。

菊花喜大肥，前期生长以氮肥为主，夏季不宜强光暴晒；进入孕蕾期要全光照和适当增加磷钾肥。盆栽用土以腐叶土 40％、田园土 25％、沙 25％、腐熟厩肥 10％配合而成。大盆菊花在盆底垫四分之一炉灰渣，以利排水。切花栽培可用营养膜技术或用基质栽培。栽培基质常用砂、蛭石、珍珠岩、陶粒、锯木或松毛土混合配制而成。营养液配方：硫酸铵 0.23 克每升、硫酸镁 0.78 克每升、硝酸钙 1.68 克每升、硫酸钾 0.62 克每升、磷酸一氢钾 0.51 克每升。为控制切花茎的长度喷施植物生长调节剂赤霉素和矮壮素。值得指出，菊花是短日照植物，如果在夏季 7～8 月菊花长成后，孕蕾前，每天只给 8～10 小时光照，其余全为暗期，并适当降低温度，可提早花期；如果在秋菊初蕾形成期，只要在半夜里给予短暂几分钟的光照，就会中断花芽的形成。当停止光照，可以恢复花芽出现，由此可推迟开花期。矮壮素（CCC）是控制菊花植株矮化，促进开花最理想的生长抑制剂，这项工作早在上世纪 60 年代由作者管康林参与国内药物生产合成与应用（见植物生长调节剂 CCC 植物生长的影响及其应用，生物学通报，1996）。

菊花栽培过程中要注意防止形成柳叶头。为有效防止柳叶头形成，选取脚芽时，应注意不选母株茎基部和从盆土浅层出土的脚芽，不选芽头饱满、节间过密、叶肥而芽心回缩的脚芽和节间稀而芽呈圆锥形的脚芽。柳叶头出现后，立即从第一片正常叶的上方将柳叶头摘除，在下方的侧芽中，只保留最上端的一个，使其代替主枝成花。

观赏与应用

菊花艳丽多姿，特别是秋菊傲霜开放，为秋光增色，很有观赏价值。地栽菊在庭园中广泛用于布置花坛，花境或山石园及其篱垣，盆花摆在厅堂、会场或公园、宾馆门口，都很美观的。切花瓶插或制作成花束、花篮、花环，也甚为雅致。自古菊花与梅、兰、竹一起称为"花中四君子"。古时的太师椅，四把为一套，在倚靠背上分别刻有梅、兰、竹、菊的图案，寓意所坐之人为君子。菊花还被赋予吉祥、长寿的含意。如菊花喜鹊图，表示举家欢乐；菊花松树图，则是延年益寿的象征。

我国人民对菊花有着独特的喜爱，自古有赏花、赛菊、饮酒、赋诗的传统习惯，因此便作出了多少千古佳句。"秋来谁为韶华主，总领群芳是菊花"。百花丛中，菊花向以"花中君子"、"花中隐士"而著称。早在春秋战国时，屈原以"春兰兮秋菊、长无绝兮终古"，表明了兰菊生长习性，作者洁身自好不与恶势力同流合污的品格。晋陶渊明的"采菊东篱下，悠然见南山"之句，以菊会友，其乐陶陶，过着田园生活，历来为后人所称赞。且有"一从陶令平章后，千古高风说到今"，奉陶渊明为"菊花神"了。自唐宋以来，咏菊，画菊的诗画不知其数，也就形成看菊文化。唐代元稹的《菊花》诗："秋丛绕舍似陶家，遍绕篱边近日斜；不是花中偏爱菊，此花开尽更无花。"这首诗的立意很高，惜花之情极致，又诠释了陶渊明东篱菊之景。"家家争看黄华菊，处处篱笆铺彩霞"。这分明是一种半直立的多分枝的黄花小菊，由此推测当年所栽的篱笆菊大多是这种黄花菊，至今我们还在栽种。当代伟人毛泽东在战乱时所吟的"人生易老天难老，岁岁重阳。今又重阳，战地黄花分外香"之词句，这里的黄花就是指闽、赣一带的野菊花。

苏轼也是一位菊花爱好者，他在赠友人的一首诗中写道："荷花已无擎雨盖，菊残犹有傲霜枝；一年好景君需记，最是橙黄橘绿时。"多美的秋光啊，且有四种花果出现，却歌颂了菊花傲霜而立的品格。在咏菊花上，发生在苏东坡与王安石之间的一段有趣故事，还与菊花生物学特性有关。据说有一次苏轼回到京城，拜访王安石，在他书桌上发现一首未写完的咏菊诗："西风昨夜过园林，吹落黄花满地金。"苏看了之后发笑，毫不思索地添了两句："秋花不比春花落，说与诗人仔细吟。"写完便走了。不多时，王安石进书房见了续诗，不觉有气，认为苏轼"虽遭挫折，轻薄之性不改"，于是便将苏贬到黄州做团练副使。当苏轼到黄州后，游山玩水，在重阳节时，邀朋友饮酒赏菊，就见到落英缤纷的菊花，自知惭愧，这已成为菊文化中的一段佳话。有人说，这个故事是杜撰的，它原来与欧阳修有关。欧阳修与王安石还为《楚辞》中"夕餐秋菊之落英"之句进行了争论。至于菊花有无落英，至今仍难公断。

在今天，秋风送爽，菊花盛开，从首都北京到南方大小城市各公园到处摆放着许多盆菊展示，色彩缤纷，给人们一种美的享受。赏菊品评按行话说，则讲究"色、香、姿、韵"四字。菊花有多种颜色，胜过五彩，最为令人赞叹。菊花香气不浓，其味在淡，静品中若添得一点清香，就算得珍品了。姿是菊的形态，可与神韵组合起来欣赏，从外貌秋菊千姿百态或潇洒或抚媚，而独立寒秋，以菊示人，弘扬菊花文化精神，才见赏菊品味。

菊花不只是独立寒秋的国粹，而且为世界人民所喜爱，并广为栽种，成为世界著名切花之一。菊花不仅有很高的观赏性，还有其他经济使用价值。嫩菊可作食用鲜品，菊花可以加工菊花香精、菊花露、菊花茶和菊花保健饮料，其中菊花茶制作历史悠久，以浙江杭菊、河南怀菊、安徽滁菊和亳菊很有名气。

杜鹃花

植物学特性与栽培技术

杜鹃花为杜鹃花科杜鹃花属常绿或半常绿灌木。株高 1～2 米，主干单生或丛生，多分枝，叶互生，多矩圆形，全缘。花两性，2～5 朵簇生于枝端，多单瓣，集成总状伞形花序，亦有侧生或腋生；花冠漏斗状或钟状；花呈红、紫、黄、白色。蒴果，种子细小。

杜鹃花属约有 900 余种，以亚洲最多，我国有 530 种，主要集中在云南、西藏和四川，而长江流域种类亦多。目前较珍贵的国产种有云锦杜鹃（*R. fortunei*）、大树杜鹃（*R. giganteum*）、大白花杜鹃（*R. decorum*）、映山红（*R. simsii*）、镇南杜鹃花（*R. molle*）等 10 多种。前些年，各地科学工作者对云南大树杜鹃林，四川华西高山杜鹃林，湖北麻城古杜鹃林和浙江天台山的云锦古杜鹃林的生态环境、种群、树龄与规模进行调查与发掘，显示出我国野生杜鹃资源丰富。园艺品种分类可分为东鹃、毛鹃、西鹃、夏鹃四个类型。所谓东鹃主要来自日本包括石岩杜鹃及其变种。毛鹃，俗称毛叶杜鹃，包括锦绣杜鹃，白花杜鹃及其变种。西鹃俗称西洋杜鹃，最早在荷兰、比利时育成，系皋月杜鹃（*R. indicum*）、映山红、白花杜鹃反复杂交而成。夏鹃，花期 5～6 月，故名，原产印度、日本，枝叶纤细，分枝稠密，树冠丰满；花宽漏斗状，花色紫红粉多变。有单瓣、重瓣，宜作花坛花或盆景，品种有长华、大红袍、紫长殿。

杜鹃花喜凉爽、湿润气候，畏酷热干燥，最适宜生长的温度为 15～25℃，气温超过 30℃或低于 5℃则生长趋于停滞。杜鹃花一般在春秋两季抽梢，以春梢为主。喜阳光，但忌烈日曝晒。要求富含腐殖质、疏松、湿润及 pH5.5～6.5 的酸性土壤，在黏重或通透性差的土壤中生长不良。杜鹃花根系较细较弱，在移栽之后，不易发新根，因为杜鹃花在山区的良好生长还需与菌根共生，它的内生菌根是特有的，即为杜鹃菌根。

杜鹃花以扦插、嫁接繁殖为主，也可以播种和压条繁殖。扦插在 5～6 月取当年生枝，切段约 10 厘米，去中下部叶片、留顶芽或节芽的上部叶，扦插于沙基苗床中，置荫棚下保湿，约 2 个月生根成活。有些难成活品种可用压条和嫁接。压条选用 2～3 年生枝，先环割剥皮约 1 厘米，再套竹筒或用塑料袋放入培养土扎紧，经常浇水保温，3 个月生根，生根后，可剪离母体。嫁接主要用于西鹃，砧木选用 2 年生毛鹃，接穗选用 3～4 厘米长的嫩梢，在 4～5 月间采用切接、劈接、腹接均可。杜鹃花种子浅休眠，需光萌发。秋季采收种子宜带果存放于室内明春早播温棚苗床内，浅覆土，一个月萌发，如果种子经低温层积 10 多天萌发。小苗可移植，实生苗 3～4 年开花。西鹃常常有芽变现象发生，经选择成为获得新品种的好途径，如'锦袍'芽变产生'青女'、'风辇'、'红锦袍'新品种，再用高压法或扦插法，获得无性系，以固定其开花习性。目前，杜鹃花的商品性生产培育通过有性和无性相组合的方式加速了新品种的培育与生产苗繁殖。这需要收集很多原种与地方品种，在大棚苗床中建立无性系，通过有性杂交，获得子代进行选育，并采用使用木屑的无土栽培技术等有效方法。

杜鹃养护要防止冬季落叶、焦叶。杜鹃性喜凉爽湿润的气候，生长的适温为 8～20℃。冬季一般室内由于暖气或空调温度高，再加上室内的湿度低，往往会引起杜鹃的落叶或焦叶，解决的办法是降温或提高湿度。为此，冬季应将杜鹃放置在窗台靠近玻璃窗处，躲开暖气片和空调出风口的热气。同时可以见光，温度较室内低，冬季玻璃上经常有水珠，则湿度较室内高，所以较适合杜鹃生长。还应经常向叶子上喷水，以提高湿度，减少落叶、焦叶的现象。同时，要解决如何合理施肥问题。杜鹃喜肥，但施肥必须得法和适时，因根纤细，如施肥不当，会受肥害。肥料可用豆饼水、油渣水、鱼腥水等，但都必须充分发酵腐熟后使用。可分三期施肥：第一期冬季或春季开花前，应施入含磷质和铁质丰富的肥料。每 10 天浇一次；第二期花后生长期，应施入含氮较丰富的肥料。多施用豆饼、油渣水等肥，每周一次；第三期花芽分化期，一般品种多在 8 月中旬前后，应加大肥的浓度，多施豆饼水、鱼腥水等肥。每 3 天浇一次。进入 9 月份后应停止施肥。忌用碱性肥料。

观赏与应用

杜鹃花为我国传统名花，被誉为"花中西施"。它出于白居易诗："花中此物是西施，芙蓉芍药皆嫫母。"在诗人眼中，杜鹃花是最美的，而芙蓉和芍药不过是丑妇罢了。当时白居易在九江做官，确是对庐山杜鹃花的赞美达到无可复加的地步。

古时杜鹃花叫作羊踯躅，因羊食其叶，踯躅而死，故名。这里的毒性尚不清楚，早在《神农本草经》中记载羊踯躅可作药物使用。映山红是杜鹃花中最常见的一种，春天的南方，映山红漫山遍野地开放，一团团一簇簇，开得非常热烈，那么绚丽，民间最有赞美。宋代杨万里诗恰好是这样写照："何须名花看春风，一路山花不负侬；日日锦江呈锦样，清溪倒照映山红。"颂扬了映山红美丽质朴生于山间的顽强生命力。

过去赏杜鹃花都见于野生，现在也不妨一睹野生杜鹃林。云南省有杜鹃花300多种，是中国杜鹃花原生地。早在1901年英国植物学家在云南腾冲采集到大花杜鹃，直到1981年云南省科学工作者重新在云南腾冲高黎贡山发现大花杜鹃王种群，最大的一株高25米，胸径粗达3米，树龄在500年以上，花大美丽单花口径达6～7厘米，花序长25厘米，为世界最大的大花杜鹃。前些年，中科院武汉植物研究所等单位专家先后多次对湖北麻城古杜鹃种群进行实地考察，确认总面积达100万亩，成片的有10万亩，生长周期达百年以上；现存树龄均在200年以上，其面积之大，年代之久，数量之多，密度之高，品种之纯，作为野生种质资源保存之完好，实为世界所罕见。每年初夏花开时节，山林一片绯红，景观非常壮观，堪称中国杜鹃花之一绝。

据我们对浙江天台华顶山云锦杜鹃林考察（2000年）确定散生面积2 000余亩，百年以上老树有3 000株，有的已达400多年，从史料与测算这片杜鹃古树林始于明代与华顶山古寺兴衰有关。云锦杜鹃株高4～5米，树冠伞形状，花大呈粉红色，每年5月上旬盛开之际，一片片绯红，如云霞飘落，非常美丽。现因古杜鹃林受到上层树种黄山松、柳杉压制，而下层受箬竹入侵，致使群落走向衰退，只要对入侵者清除，杜鹃林就能新生恢复。对于花卉爱好者，如能观赏野生杜鹃，也是别有情趣的。真可谓"仙界琪树出天台，佛宗神林自有源；四月烟花芳菲尽，云锦杜鹃挽春归"之貌也！此外，浙江的清凉峰、松阳箬寮、龙泉凤阳山都是高山杜鹃的主要观赏地。

杜鹃花为传统十大名花之一，也是当今世界最著名的观赏花卉之一。在中国人眼里杜鹃花是美丽的象征，且有杜鹃鸟啼血染花枝的神话传说。相传周末蜀主杜宇舍不下身后的臣民，灵魂化为美丽的杜鹃，每当春夏之交声声呼唤："布谷、布谷……"以至啼出鲜血，染红了杜鹃花，尤其夜间听到凄婉动人。所以，以前南方农民听到布谷鸟叫声，知晓好春耕下种了，也知道山上的杜鹃花开了。杜鹃花在长江流域以及南方各地均能露地栽培，今城市公园的草坪、花坛、假山旁都能成景佳趣的，更见城市道路两边花坛种上成片毛鹃、夏娟，春夏花开不断，非常火红。目前，无锡、成都、重庆、昆明、贵阳、杭州等地都建有专类植物园，而庐山植物园和华西亚高山植物园还建有杜鹃品种园，都是杜鹃花的游览胜地。

近些年来，花市上西洋杜鹃走俏，因为它植株矮小，枝叶繁茂，花色艳丽，花大多姿，五彩缤纷而诱人。西鹃的主要品种有'天女舞'、'王冠'、'春燕'、'四海枝'、'残雪',花有淡紫、黄绿、白青、红白、洒金斑点,具有极高的观赏价值,可以自行栽种。

山茶花

植物学特性与栽培技术

山茶花为山茶科山茶属常绿阔叶灌木或小乔木、株高 1～2 米,而野生山茶高可达 10 米,树冠圆头形,树皮呈褐色。叶互生革质、长椭圆形、卵形,边缘有小齿。花两性,顶生或腋生、花梗极短,花瓣 5～7 片或更多,有白、红、粉色并有单瓣、半重瓣和重瓣之分。花期 2～3 月,蒴果球形,三裂,外壳木质化,种子褐色、粒大。

山茶花原产中国、朝鲜、日本国。山茶属植物全世界约有 300 种,我国产 200 余种,云南约 60 种,可视为山茶花王国。上世纪 60 年代,广西发现金花茶(*C.chrysantha*),它是黄色茶花的重要种质资源,属于珍稀濒危保护物种。现已经过培育,得到有效发展,并被国外引种,为世人所关注。目前,我国山茶花属植物中作观赏栽培的主要是华东山茶(*C.japonica*)、云南山茶(*C.reticulata*)和茶梅(*C.sasanqua*)三个种。山茶花类的常见栽培品种有宫粉、美人茶、五彩、九曲、酒金、玫瑰茶、大白荷、小白荷、贵妃茶、大红袍、小桃红、十八学士。浙江金华山茶属于华东山茶品系,已有 800 年的栽培历史,培育出许多名贵品种。2003 年中国茶花文化园在金华建立并举办了国际茶花协会金华大会。成为世界茶花文化大展示、大交流的中心。使得国内外许多茶花优良品种聚集到中国茶花文化园和金华国际山茶物种园。

云南山茶耐肥、喜光,喜温凉气候,不耐严寒与高温。华东山茶喜光耐半阴,较云南山茶耐低温、耐高湿。土壤以含腐殖质的土壤为好,忌排水不良。茶梅的植株矮小,多分枝,而叶、花均比山茶花小,花有白色和红色;喜光,耐肥,且耐寒。

山茶花可用播种、扦插、嫁接、压条等方法繁殖。播种用来培育新品种,夏熟种子具休眠性,采收后经沙藏春播,实生苗生长需 7～8 年才能开花,因此,要培育变异新品种是一件十分艰巨的任务。扦插是行之有效的繁殖方法:插穗选当年半生木质化的短生枝,切段长约 10 厘米含 2 节芽,留顶端一对叶片。扦插介质宜用砂、珍珠岩(3∶1)混合,扦插深度过半,压实,应搭棚子遮荫保湿,有 80% 以上成活率;如用 100 毫克每千克 NAA 溶液处理 3 小时还能提高成活率。合适扦插期为 5～6 月间，经 50～60 天生根成活，扦插苗开始生长缓慢，但当年就会开花，第二年可分植出圃。由于扦插能大量繁殖，压条操作比较麻烦，因此实用价值不大。嫁接主要用来保存新品种和培育新品种；可制作山茶树桩盆景，经过造型加工，具有较高的经济价值和观赏价值。嫁接宜在 5～6 月用油茶作砧木进行切接，成活率可达 70％～80％。

盆栽山茶管理技术性强，盆土水分不能过湿也不能干燥，土壤要求疏松肥沃，不宜板结。每年春季花后换盆一次，去除沿盆宿土，剪去枯枝和徒长枝，换上有肥力的新土。8～10 月间，可施腐熟饼水 2 次和过磷酸钙一次。盛夏不宜烈日暴晒。在浙江地区冬季不必入室，但注意早春枝梢花蕾出现过多要去掉，每枝宜为 1～2 个，且保持树姿美观。

随着春季气温的回升，在茶花病枯树上越冬的病原菌孢子堆逐渐成熟，随风飘散到附近的茶花枝条上，从新芽、嫩枝伤口、叶痕、嫁接或修剪伤口等处，侵入茶树为害，并大量繁殖。防治方法：冬季剪除病枯枝，集中予以烧毁；摘除无用的不定芽和细弱枝，减少病原菌的附生场所；将带病植株隔离护养；在茶花植株萌芽抽梢之前，用甲基托布津、福美双、百菌清等杀菌剂喷施，特别要保证枝条伤口部位的喷药；多施磷、钾肥，少施氮肥。对于常见的茶梢蛾危害需进行防治。茶梢蛾以幼虫危害茶花叶肉和蛀食茶花春梢，使被害的春梢逐渐枯萎而死亡。防治方法：在成虫盛期，剪除被害的叶片和枝梢，集中烧毁，以消灭害虫；在幼虫危害时期，可用敌百虫 500～1 000 倍液喷洒，或用杀螟松、氧化乐果等 1 000 倍液喷洒，均可获得较好的防治效果。

观赏与应用

山茶花是我国传统名花之一。山茶枝叶繁茂，早春花开红艳而久长，被誉为烂漫春天的使者。早在隋唐时期山茶花已成为名花，时至宋明时代山茶花的园林赞美十分红火。苏东坡有诗云："山茶相对阿谁栽？细雨无人我独来。说似与君君不会，烂红如火雪中开。"又如陆游所云："东园三日雨兼风，桃李飘零扫地空；惟有山茶偏耐久，绿丛又放数枝红。"更有"树头万杂齐吞火，残雪烧红半边天"之句。此景在江南春寒料峭之时，惟有山茶花艳而不娇，不畏风霜雨雪的侵凌精神，令人敬佩。

山茶花又名曼陀罗花，现存的苏州拙政园中尚有景点"十八曼陀罗花馆"，就因旧有名种山茶 18 株而得名。王十朋对山茶情有独钟："一枕春晓到日斜，梦回喜对小山茶；道人赠我寒岁种，不是寻常儿女家。"这样对山茶花的评价确是不平常的。山茶花端庄华美，非同一般，许多达官贵人也爱在自己园中栽种名贵山茶花，同时把山茶花作门窗、座椅、屏风上的装饰品被雕刻，显得美丽华贵。

山茶在园林造景中，可用于孤植，群植和假山造景，也可用于建设山茶花景观区和山茶专类园，还可用于城市公共绿化、庭园绿化。其中云南昆明黑龙潭植物园的云南山茶花和浙江金华山茶文化园都是集云南山茶花品系和华东山茶花品系的游览胜地。在云南丽江玉龙雪山，有一座玉峰寺，此寺因一株古茶花树而名扬中外。明代旅行家徐霞客游览之时，就观赏过这株山茶花，其树龄已达千年。这株古树有许多令人叫绝之处。其一，树体很大，每年能开2万多朵花，人称"万朵茶花树"。其二，花开两种颜色，一种色淡花大，一种深红色花小，这是为什么，原来是经过嫁接的。其三，主干粗壮低矮，造型美观，这是经过长期园艺师修剪所致。正因如此，这株古茶花格外受人青睐，慕名前来观赏的游人络绎不绝。有一位植物学家说："世界山茶花以云南最美，云南茶花数丽江'万朵山茶'最美。"2003年，在浙江金华召开的中国金华国际茶花大会上，这株古茶花被国际茶花专家誉为"环球第一茶"。

山茶花不仅花有观赏价值而且种子含油量高，可作食用油。

荷花

植物学特性与栽培技术

荷花为睡莲科莲属多年生水生植物，地下茎横生、有节膨大称藕。藕内有多数孔道，为适应水下生活的气腔，须根生于节，节有芽，可萌发抽生叶片和花。叶柄长、挺出水面，叶片盾状圆形如盘，上披蜡质、蓝绿色。花大、两性，单生于顶，清香，有粉红、白、紫色和单瓣、重瓣。花期6~8月，盛夏最旺，花后膨大的花托，称莲蓬，有多数蜂窝孔，每孔着生一个小坚果。果熟期8~9月，老熟时果皮变为深蓝色，干时坚硬，果壳内种子，外被一层薄种皮，二片子叶肥厚，富含营养物质，胚芽绿色，俗称莲心，含氰酸，微毒，入药。

荷花原产亚洲及大洋洲，我国是荷花自然分布中心，现各地广为栽培。据考，我国古人早把野莲藕作为食物利用，距今7 000年前的浙江余姚"河姆渡文化"遗址，发现有荷花的花粉化石，而河南郑州大河村5 000年前的"仰韶文化"遗址，发现有炭化的谷粒和莲子。时至西周（公元前11世纪）先民有食藕的文字记载，在西汉时产生了优美的乐府《采莲曲》。春秋战国和隋唐期间荷花开始作为观赏花卉栽种，而宋明清古典园林建造兴盛，在湖池水榭布局中，荷花成为主角。荷花园艺品种很多，按其栽培目的可分为花莲、子莲和藕莲三大类。按花型可分为：单瓣型、复瓣型、重瓣型、千层型、佛座型，重台型和复台型。各类荷花均可观赏，只是花莲品种多样，花色艳丽，例如，大紫莲，花紫色；千层莲，重瓣粉红色；佛座莲，重瓣粉红色；大碧莲，重瓣淡绿色；碧降雪，重瓣白色；并蒂莲，两花并生，粉红色，较为名贵。

荷花性喜温暖阳光，适宜生长温度为 20～30℃，能耐 40℃ 高温，不耐 0℃ 低温，故遇秋霜则叶残。荷花是一种喜光植物，在全光照条件下生长良好，在弱光或遮荫的环境则生长不良或停止生长。荷花对土壤的要求不严，但土壤过酸过碱、过肥过瘦，也会表现出生长不良的症状。

荷花繁殖可用播种与分株。播种主要用于培育新的品种，分株可保持品种原有特性。分株在春季，选取带有顶芽和保留尾节的藕段作种藕。栽植时，应将泥土翻整并施入基肥，土层深 20～30 厘米；栽植时，用手指保护顶芽，以一定斜度插入泥中，让尾节露出水面，待萌芽出叶后，再加大水层。播种种子如是来自荷池的培育种子，可先作预萌发处理，待长幼叶之后，再植入缸中。种子无休眠期，采收种子可直接播于缸内或置室内水容器中，待第二年晚春播种，但要经常换水。然而，在自然界，许多荷塘莲子在进入河床之后，有部分深埋且因萌发孔木栓质化而阻塞，致使长期处于休眠状态而不萌发。据知我国辽宁普兰店河谷出土的古莲子其寿命达 1 024 年仍有生命力。1984 年，北京西郊温泉乡太子舟坞村（清朝叫太子府），在近代未曾种莲的鱼塘中长出荷花，蔚为奇观。经中科院植物研究所[14]C 测定，其种子寿命为 580±70 年，取名太子莲，源于 500 多年前的太子府莲池的休眠种子，所以，植物学上认为莲子是目前直接检测到的最长命种子。

无论是食用莲或观赏莲均可植于荷池或浅湖水养及农田之内。缸栽培育的观赏荷，根茎比较细弱，茎叶生长势也弱，花作观赏，不结实。每年春季换（缸）一次，施入充足基肥，水深 10 厘米左右，夏季水深 30～40 厘米，放置在有阳光及清凉处，以便夏日多开花，在江南待冬季霜冻时将（缸）水倒净置露天向阳处，休眠越冬。

荷花的盆栽中要注意土肥的配制装盆。秋季挖取河泥或塘泥待春季应用，应用前最好晾晒 30～45 天，待全部干透，水生杂草种子、宿根、孢子及病菌死亡后填装。在经检查不漏水容器内底部加入有机肥厚度 3～5 厘米后，直接填河泥塘泥栽植。另外，浮萍、水绵等植物漂浮或沉于水中，夏季繁殖迅速，影响水温上升，减少水面光照，对盆栽荷花生长不利，应作为杂草清除。

观赏与应用

中国栽培荷花历史悠久，据载吴王夫差与西施在太湖之滨修"玩花池"就种有野生红莲，貌若西施，为后人所传诵。三国时的曹植对荷花很赞美，他在《洛神赋》中有"迫而察之，灼若芙蓉出绿波"的句子。自唐宋至明清，在南方江浙一带种莲，赏花，食莲、藕非常盛行，而今杭州、苏州、扬州各公园湖泊内仍盛植荷花，农村农田喜种莲藕，成为夏日赏荷的一道风景线。可以说，江南公园，如果春天没有桃柳，夏日没有荷花，则会大煞风景，也就不是江南了。

自古以来，我国种荷赏荷胜境不只在于江南的苏杭一带，而南京玄武湖、济南大明湖、济宁微山湖、河北白洋淀、湖北洪湖、湖南岳阳莲湖、四川新都桂湖、广东肇庆七星岩以及北京颐和园等地都留下许多植荷、赏荷的足迹。当今，荷花可是农业园艺最广泛栽种的一种既可观赏又可食用的水生植物。从北方黑龙江到南部海南岛均有分布，真可谓"多情明月邀君共，无主荷花到处开"之貌。

荷花花大而艳，亭亭玉立，自北宋理学家周敦颐的《爱莲说》写了"出淤泥而不染，濯清涟而不妖"之名句，荷花便成为圣洁的"君子之花"，它的品格最得文人墨客的赏识。加之荷花与莲子有其浓厚的民间生活基础与宗教结合，使荷文化达到很高地位。历代赞赏荷花的诗画非常之多，荷花亦成为民间艺人塑造美的装饰品。

今天我们赏荷，总会被荷花的艳丽所折服。杨万里的咏荷诗："毕竟西湖六月中，风光不与四时同；接天莲叶无穷碧，映日荷花别样红"，是最脍炙人口，把西湖的荷花景色写得十分鲜活，古今风貌不变。作者喜爱荷花，恰好离住处不远的临安东郊，有一大片农田种藕，时时吸引着我去观赏，夏日清晨荷叶青青，水珠晶莹，晚霞映照荷花更艳，待秋光残荷，尽显莲蓬，多美的画面啊！于是写了一首咏《荷》诗："山乡荷田绿叶浓，静若玉盘，动如彩裙，亭亭玉立露华容。含苞粉白，盛开嫣红，花谢结莲蓬，秋雨残荷，莲藕心相通。"在这赏荷过程中，最有情趣的还是"小荷才露尖尖角，早有蜻蜓立上头"的意境。

在荷的文化观念中，更要提及荷花是佛教的圣花，深得佛教徒尊敬。佛教徒将荷花喻佛，视荷花纯净无染，象征着吉祥如意。荷花是印度的国花，由于印度是佛教的发源地，两者关系密切，所以，在画佛，塑佛时，其佛座必定是莲花台座，据佛典介绍，佛法庄严神妙，惟莲花软而净，大而香可坐。中国佛教自印度传入，一切佛教的传承都受到印度佛教的影响，所以，常见的大雄宝殿中的佛祖释迦摩尼塑造要端坐在莲花宝座上，而中国的大慈大悲观世音菩萨也端坐在莲花台上或站立脚踏荷花，或手执荷花之状。

 桂花

植物学特性与栽培技术

桂花为木犀科木犀属常绿灌木。树高可达 5～6 米或更高，树冠呈圆形或椭圆形，分枝性强，枝叶繁茂；叶对生，革质有光泽，椭圆形全缘。桂花实生苗生长粗壮，成花期长，需 6～7 年，而扦插株细，花开芬芳扑鼻，香飘庭园。有些桂花不结果，有些能结实，核果椭圆形，种子蓝黑色。桂花原产我国西南部喜马拉雅山区，印度、尼泊尔国也有分布。在四川、云南、广东、广西、湖北、江西、浙江、安徽等山地，均有野生桂花生长，现广泛栽培于长江流域及以南地区。据史载，早在 2 500 年前春秋时期的吴越国地已有桂树的栽种。桂花是一种长寿树种，至今竟还有 2 株"汉桂"和多株"唐桂"的存在，可作为历史见证。经长期引种栽培选择，桂花变种和栽培品种很多，但主要有以下四类：

（1）金桂组（var. *thumbergii*）：树形高大直立，高可达 10 米，树冠圆头状，花金黄色，香气浓。产量高，花期 9 月下旬，花朵易脱落而便于采收。其品种有'大花金桂'、'小花金桂'、'大叶金桂'和'小叶金桂'。

（2）银桂组（var. *atifolius*）：植株不如金桂高大，花黄白色，香气颇浓，产量高，花期比金桂约迟一周。有'早银桂'、'晚银桂'、'大叶银桂'和'乳白银桂'栽培品种。

（3）丹桂组（var. *aurantiacus*）：花橙红色，香气比银桂淡，花期 9～10月。有'月桂'、'大叶月桂'、'小叶月桂'、'硬叶月桂'、'软叶月桂'、'华盖月桂'等。

（4）四季桂组（var. *semperflorens*）：植株有丛生习性，株形较小，叶色淡；花黄白色，四季皆有花开，香气淡。其品种群有'月月桂'、'日香桂'、'佛顶珠'、'天香台阁'和'小叶四季桂'品种。

桂花适宜在温暖的亚热带地区生长。桂花为喜光树种，耐高温，也能耐零下 10℃低温，也有一定的耐阴能力，特别是幼期培育不宜强光。土壤适应性广，但在肥沃湿润的微酸性沙质土壤中生长良好，而在过湿或过干的土壤中则生长不良。桂花每年春秋季发芽一次，春季芽生长势旺，容易分枝而秋季芽生长不再分叉。花芽多于当年7～8月形成，有两次开花的习性。

桂花可以采用播种、扦插、压条繁殖，但以扦插为主。播种能获得大量生长健壮，根条发达的桂花实生苗，但成花期长，遗传变异多，可通过嫁接培育新品。种子夏季成熟，有休眠性，采收后宜沙藏层积，于翌年3月播种，4月萌发出苗，发芽率视种子结实率而定。苗期生长较快，2～3年培育可移植，始花期需要6～7年。桂花扦插，只要有一个良好的苗床，一年四季都可扦插，成活率高，经实验表明：春季（3月）扦插，所用的插枝为去年生枝，芽处于萌动期，切段长约10厘米，顶端留2片叶。这时期发根天数60～70天，成活率10％～20％，大多数发芽为假活。插枝用200毫克每千克NAA浸液2小时，成活率提高到50％～60％。6～7月夏季用当年嫩枝扦插，50～60天发根，成活率达57％，经NAA处理，成活率高达80％。9～10月秋季采用当年生枝条扦插，切口易形成愈伤组织而不发根也不凋叶，这是由于日照温棚苗床温度不够（10～15℃）所致，保存170天后至翌年春季能有高达62％生根成苗率。嫁接一般在春季3～4月进行，以腹接法成活率较高，砧木多用女贞（*Ligustnum lucidum*）、小叶女贞、水蜡、流苏树和白蜡，其中女贞最好，接穗为一年生已木质化桂花芽枝。

桂花的管理没有特别要求，由于它是深根性生长，抗病强，无需经常松土除草和施肥，每年只需在秋花后的冬季采取一次整枝修剪、除草施基肥或喷药的综合措施，对于土壤肥力不足的生境需在夏季施追肥。桂花不宜盆栽，盆栽一般不会开花，或开少量花，这可能与它的深根性生长有关。

盆栽桂花常会碰到如何解冻和不开花的难题。初冬，桂花受寒潮侵袭，极易发生冻害，受害植株体内细胞间隙溶液浓度提高，原生质层严重脱水造成嫩叶萎缩。此时，应采取缓慢解冻的措施，将花盆速用吸水性较强的废报纸连盆包裹三层，包扎时注意不可损伤盆花枝叶，并避免阳光直接照射。如此静置一日，以使盆花温度逐渐回升。经此处理后，受冻盆花可以复苏。至于盆栽桂花不开花，其主要原因是光照不足、盆土瘠薄肥力不足、盆土过湿、土壤偏碱或受烟尘污染等。因此，在桂花抽梢时应施1～2次以氮为主的肥料，在花芽分化期（5月底开始）至开花前，则应施入2～3次以磷为主的肥料；浇水要遵循"不干不浇，浇则浇透"的原则，大雨和暴雨后要及时倒除盆中积水；并注意适当光照、盆土酸碱性及避免受烟尘污染等。

观赏与应用

桂花为我国十大传统名花之一，早在春秋战国时期就有栽植，吴越国地且有饮桂花酒之说。屈原《楚词·九歌》有"援北斗兮酌桂浆"之句，可能当时饮桂花酒是一种时尚，以致引申出月宫吴刚制桂花酒的故事，或人间饮桂花酒却源于天上之由来，无有考究。自唐宋以来，历代文人对桂花多有赞赏。如李商隐诗云："昨夜雨池凉露满，桂花吹断月中香。"杨万里诗云："不是人间种，移自月里来，广寒香一点，吹得满山开。"从这些诗句中可见那是桂花已广种在庭园中，供人欣赏，且认为桂花是仙树来自月宫。由此也就形成了赏桂、饮桂花酒、望月、思乡的特有人文景观。

的确，桂花终年常绿，挺秀明洁，中秋花开，香飘四溢。每逢中秋，整个长江流域都沉醉于丹桂飘香之中。当今，湖北咸宁、广西桂林、四川成都、江苏苏州和浙江杭州五大桂花胜地和生产基地构成了独特的亚热带生态型桂花观赏景区。在我国园林中，桂花多与建筑物、山石相配、植于亭台、楼阁附近，桂花可视为乡土树种，无论栽中在何处，都会表现出它特有的品性和神韵。

我们生活在杭州地区，对杭州遍及桂花，中秋赏桂是很有体会的，杭州植物园和杭州满觉陇村庄都是赏桂的好地方；就是浙江农林大学的校园和住宿区也能满足赏桂的情趣。真是：叶密千层绿，花开万点金；秋光难着墨，只知桂花香。杭州的桂花栽植是有历史的，早在唐代白居易任杭州刺史时就赋诗："忆江南，最忆是杭州。山寺月中寻桂子，郡亭枕上看潮头。何日更重游？"他想象杭州的桂花树可能来自月中桂子，岂不妙哉！

桂花是一种长寿树木。据调查，目前我国各地保存下来的百年以上的古桂花树有2 000多株，千年以上的有100多株。最有名的是陕西汉中圣水寺的一株"汉桂"，相传为西汉开国功臣萧何所栽。另有汉中诸葛亮墓前的两株"护墓双桂"。"唐桂"还存有多处、多株，其中较有名气的是桂林的"桂花王"，位于桂林七星区唐家里村，株高14米，基围4.1米，冠幅达15米，覆盖面积达180多平方米。这株"桂花王"树龄虽已逾千年，但仍生机勃勃，枝繁叶茂，每当金秋时节便开花满树，香飘四野，前来观赏的络绎不绝。桂林是桂花的原产地，桂林人民喜欢桂花，其种植历史也有2 000多年。

桂花在盛开时，可采摘之，采下的桂花可制桂花酒，窨制桂花茶或用糖淹渍桂花糖。桂花还可制取芳香油或浸膏，为高级名贵天然香料。桂花折枝，可作为切花瓶插材料，合适的桂花折枝，不仅不损伤植株生长，反而有利于多发新枝，明年花更多。

水仙

植物学特性与栽培技术

水仙为石蒜科水仙属多年生单子叶草本植物，属球根花卉。地下鳞茎肥大，近球形或卵形，外被棕褐色皮膜。叶基生、狭带状，互生二列，绿色或浅色，基部有叶鞘包被。鲜茎盘上着生芽，球中心的称顶芽，着生在顶芽两侧的称侧芽。鳞茎盘底部的外围生须根，白色细长不分枝。花枝由叶丛抽出，花多朵成伞房花序着于花葶端部，花序外具膜总苞，又称佛焰苞。花葶直立圆筒状，中空，高20～50厘米；花多为黄色与白色，侧向或下垂，具浓香；花被片6枚；蒴果，种子空瘪。

水仙原产北非，西亚及地中海沿岸，现在世界各地广为栽培。本属约30种，有众多的变种和亚种，而园艺品种多达3 000个。水仙依花型划分，可分为大杯水仙群、小杯水仙群、重瓣水仙群、三蕊水仙群、仙客来水仙群、丁香水仙群和多花水仙群。中国水仙为多花水仙，即法国水仙的变种，大约于唐朝初期由地中海转入我国。现主要分布在东南沿海温暖潮湿的地区，如福建、江苏、浙江等地，然而，水仙球茎水养盆栽观赏已普及全国，是春节期间顶级的一种室内花卉。从瓣型来分，中国水仙有二个栽培品种：一种为单瓣花，花被裂片6枚，称'金盏银台'，香味浓郁。另一种为重瓣花，花被12枚，称为'玉玲珑'，香味稍逊。从栽培产地分，有福建漳州水仙，上海崇明水仙和浙江舟山水仙。漳州水仙鳞茎大而形美，具有两个对称的侧鳞茎，呈山字形，鳞片肥厚疏松、花葶多、花香浓，为我国水仙的佳品。

水仙生长发育可分为营养生长期、鳞茎膨大期、花芽分化期和开花期四个阶段，需要不同环境条件，经3年生长才能完成。水仙生长喜冷凉气候，适温为10～20℃，可耐0℃低温。鳞茎在春天膨大，一般称小鳞茎，经2～3年生长的大鳞茎，在夏季高温（25～30℃）干燥过程中进行花芽分化，再秋播转低温才能开花。水仙喜光照也耐半阴，喜水，耐肥，要求富含有机质、排水良好的疏松土壤，但亦耐干旱、耐瘠薄土壤。

水仙为三倍体植物，不能生产种子，靠分栽鳞茎上长出的小鳞茎（球茎）来繁殖，而且要经过2～3年生长的大鳞茎才能开花。水仙成年大鳞茎是由不同世代鳞茎单位组成的复合结构。每年夏季地上部分枯萎后，地下肥大的鳞茎即形成不同世代的大小鳞茎。夏末初秋地栽水仙球可以挖掘，大的可以出售，小的再种。秋凉根系开始生长，南方冬季温暖、根、叶继续生长，早春茎叶迅速生长，鳞茎膨大，到夏季地上部分又枯黄、休眠。如果不挖掘球茎，秋季又会生长抽叶再长，花芽通常在夏季休眠期进行分化。

水仙大面积栽培有二种方法。一种旱栽法：秋季地栽开深沟，施入充足腐熟的厩肥和磷、钾作基肥，覆上园土后再种鳞茎，深约 10 厘米。春季开花前后增施腐熟人粪或豆饼液肥，并经常保持土壤湿润，6～7 月份叶枯黄后，将球茎挖出，可作种球。另一种露地灌水法：在高畦四周挖成灌溉沟，沟内经常保持一定深度的水，使水仙整个生育期都能得到充足的土壤养分和水分。它的生长前期喜凉爽（秋季）、中期低温（冬季无霜冻），后期喜温暖（4～5 月 20～24℃），日照充足，促其长大球，形成更多的花芽。有花芽的鳞茎则可在冬季（5～15℃）水培诱导开花。水仙盆栽花谢后，植株枯萎，一般丢弃。若将残体种于土中管理，可以成活，夏季上部枯萎，会形成小鳞茎，来年再生，但不会开花。

适当的管理能延长水仙花的花期。当水仙花有 1/2 左右花苞开放时，上午把水仙放置在 10℃左右向阳处 2 小时左右，然后置 6～8℃荫蔽处，夜间置 0～3℃环境中。每晚把盆内水倒掉，翌日清晨换清水。当水仙花苞绝大部分都开放后，可以不再晒太阳，放置在白天 7℃左右，夜间 2℃左右的荫蔽处水养，花期可达 20 余天。

观赏与应用

水仙为我国传统十大名花之一，受到国人的喜爱。首先需得提及，水仙原产欧洲地中海沿岸地，中国也有分布，但作为水仙变种定名。早在唐代初期，一种法国多花水仙引入中国才得到栽种繁殖，故有中国水仙不是"土著"之说。水仙早在唐朝时已列为名品，有唐明皇赐虢国夫人（杨贵妃姐）水仙 12 盆的传记。这些水仙可能是由意大利输入我国的，自宋朝至明清，江南多处产水仙已得到史料记载，而今中国野生水仙在南方各省的分布很广泛。水仙的国内品种经过长期培育早已成为本土的新品种。

自宋以来，以诗画写水仙的题材甚多。传说明朝张光惠辞官回乡福建漳州在途中拾得水仙，并寄诗情深成为佳话："凌波仙子国色香，湖上漂游欲何往？岂愿伴我南归去，琵琶板下是仙乡"。这就成了漳州水仙引进的源头，也是文人墨客的一种相思寄托。其实，我国民间关于水仙花传说的故事很多，常对美貌女子以水仙花仙子相比。宋代杨万里对水仙花之神态美貌赞不绝口："韵绝香仍绝，花清月未清；天仙不行地，且借水仙名"。明代杜大中诗云："玉貌盈盈啐带轻，凌波微步不生尘；风流谁是陈思客，想象当年洛水人"。诗人在看到水仙美貌神态时，却想到曹植赞美的洛神，含蓄之情，耐人寻味。水仙也是皇家喜欢的名花，清朝皇帝康熙对水仙情有独钟，每年冬季，他总要在御案上摆上几盆水仙，供玩赏。故有《见案头水仙花偶作》之诗："翠帔缃冠白玉珈，清姿终不污泥。骚人空自吟芳芷，未识凌波第一花"，看来，他爱水仙胜过芳芷了。总之，水仙既有冰肌玉骨，飘逸潇洒的仙女品貌又有贤良女子的情愫，愿意将芬芳、宁静美好地带给千万人家，任赏花者寄托爱意与美好！

浙江地区，每到冬季花市上到处有水仙球出卖。为了使水仙春季时开花，从水养花盆（内放净砂、小石子或石英砂）生根抽叶到开花，约30多天，这时气温在10～15℃非常有利于生长开花。水仙株丛低矮，叶片青翠，花朵秀丽，花香扑鼻，自古以来就为人们所喜爱。

中国水仙多盆栽水养，置于书房几案，窗台或客厅装饰点缀，有些水仙品种亦可置于公园专类花坛或成片植于疏林下，草坪上，也是很有景致的，每年不必掘起，是优良的地被花卉。至于家庭水养水仙，用无孔盆和内放砂、石，各种各样，适合追求美观与自我欣赏。养水仙相当方便，只需浇水，不用施肥，但宜置于散射光照下。为使水仙植株矮化，突出花枝美态，根据造型之需，可将鳞茎纵向切除1/3～1/2，以露出芽体；或用2%矮状素200毫升加入水仙盆，使叶片变得粗短，促进开花，获得体态优美之效。

现在，水仙球产地不只限于福建、浙江、江苏省，在湖北、湖南、云南、四川、广州也有生产。据2006年报告，江苏连云港有人已培育出开黄、蓝、绿的不同颜色的水仙，称作多彩水仙。国外黄水仙品种很多，也喜欢栽种，而国内也有黄水仙引种，但不及白花水仙引人喜欢。

二、乔木类名花

乔木类名花主要有白玉兰、木棉、凤凰木、桃花、天女木兰、洋紫荆、白兰花、海棠、刺桐、木芙蓉、含笑和紫薇。

白玉兰

植物学特性与栽培技术

白玉兰为木兰科木兰属落叶乔木。株高5～10米，树身伟岸，枝条粗壮；叶片大，互生，宽倒卵形至卵形，幼时背面有毛，全缘。花大、单生顶枝，直立、钟状、洁白如玉，香气极浓，仲春开放，先花后叶满树皆白。聚合果筒形，成熟后裂开，呈现出红色种子包以肉质状外种皮，亦十分美观。

白玉兰原产我国长江流域一带，而今江西庐山、安徽天柱山、湖南骑田岭等处都有野生资源存在。白玉兰栽培历史悠久，据知春秋战国时，吴王阖闾植木兰于宫苑，而今江浙园林、庭园广泛栽植白玉兰。白玉兰的变种有紫花玉兰（*M. denudata* var. *purpurascens*），花瓣紫红色。同属植物约 90 种，产东亚及北美，我国有 30 种，均为优美的观赏树木。常见的栽培种有：望春玉兰（*M. biondii*）、夜合花（*M. grandiflora*）、黄山木兰（*M. cylindrica*）、山玉兰（*M. delavayi*）、广玉兰（*M. grandiflora*）、紫玉兰（*M. liliflora* 又名辛夷）、天花女（*M. siebodii*）、圆叶玉兰（*M. sinensis*）、武当玉兰（*M. sprengeri*）和西康玉兰（*M. wilsonii*）等。

白玉兰喜光，稍耐阴，较耐寒；喜深厚、肥沃、湿润、排水良好的中性至微酸性土壤；花香，不耐移植；对氧化硫、氯气等有害物抗性较强。目前我国南北各地均有栽培，在北方更为名贵。作为栽培观赏植物，夏秋是白玉兰生长与花芽分化的季节，长时间高温干燥会影响生长，对公园有条件的地方，应给予及时灌溉。

白玉兰可用播种、扦插或嫁接等方法繁殖，但以播种为主。种子于 9 月间采收后，将外种皮剥去，进行湿砂贮存，亦叫层积，因种子胚发育不完全，需生理后熟，于翌年 2～3 月播种苗床培育幼苗，一年生幼苗高可达 30～40 厘米。扦插成活率低，一般不采用。嫁接通常用辛夷作砧木，或用 2 年生白玉兰作砧木。秋季离地面 3～4 厘米处剪去地上部分，用切接法嫁接，然后用较湿的土壤将砧木和接穗埋土过冬，次年 3 月去除培土，以便萌芽，成活率较高，当年长高 60～100 厘米，经 2～3 年培养长出短枝后开花。

白玉兰移植则需带土才能成活。在大苗栽培上，由于白玉兰是大乔木，深根性，因此，园林管理比较粗放。若想让白玉兰元旦或春节开花，可将盆栽玉兰提前 40～50 天移入低温温室，逐渐打破休眠状态。25～30 天后再放入高温温室，保持 60% 以上空气湿度。及时喷施花朵壮蒂灵，可促使花蕾强壮、花瓣肥大、花色艳丽、花香浓郁、花期延长。冬季要适度修剪，中短枝一般不剪，过密枝适当疏除；剪去枯枝、病虫枝，长枝要剪至长 25～30 厘米，剪口距芽不短于 2 厘米；老枝干要及时锯掉，以利更新，剪后在剪口涂 5 度石硫合剂，以防止病菌侵染。

白玉兰长期生长在偏碱性土壤中，会因缺铁而导致嫩芽及叶片变黄，严重时导致枝叶干枯，出现黄化病。可用0.3％的硫酸亚铁于下午4时后喷洒叶面进行防治。在雨水较多的7、8月份易出现炭疽病，可每隔15天连续喷施2次50％的多菌灵1 000倍液。生长季节6～8月份，每隔20天在树体上喷施吡虫啉1 500倍和阿维菌素2 000倍混合液，能有效控制红蜘蛛、飞虱、叶蝉、天牛等害虫危害。

观赏与应用

白玉兰早在春秋战国和秦汉时已被选植于宫苑，且有屈原吟诵"朝饮木兰之坠露兮，夕餐秋菊之落英"之佳句。被视为名贵花木，自古有"玉堂富贵，竹报平安"，寓意吉祥。玉兰是长寿树种，至今我国白玉兰千年古树仍有多株存在。例如，甘肃省天水市境内，两株古玉兰，树龄为1 300年，仍枝繁叶茂，每当春季，花开满树，香飘数里，十分壮观。至于宋明时期的玉兰古树在江苏、江西、贵州、河南、陕西、安徽、湖北省均有发现。北京大觉寺、潭拓寺、颐和园的几株古玉兰树仍有很高的观赏价值，都是闻名中外的。

白玉兰也是我国传统名花。它树身高大挺拔，花似白玉无瑕，清香扑鼻；特别早春先花后叶，繁花满枝，犹如阳春白雪，十分美丽，真是"玉树临风不胜娇"。按中华民族的传统审美观点，玉兰花是花中最完美的，雅、香、韵具备。上海市将白玉兰定为市花，着眼点不仅在于它亭亭玉立，貌如天仙，花开早春二月（古历），占百花之先，最先传递春的信息，而且形体高大，挺立向上，象征着开拓进取，朝气蓬勃的精神风貌。

白玉兰花后枝叶茂盛，绿树成荫，初秋佳果低垂，绿叶与红果开裂相映，亦别有一番风景。古时白玉兰多在亭台楼阁前栽植，苏州拙政园的东园主厅兰雪堂，就因栽植白玉兰而命名。白玉兰别名兰雪，取自李白诗"独立天地间，清风洒风雪"之意，清香高洁，亦寓意道德品行的超凡脱俗。现代园林建筑继承了古典园林的特点，配以亭台、假山、湖泊、小桥流水，在公园各个角落或草地中栽植花木，白玉兰在江浙园林中断然是不可少的。白玉兰抗污染能力很强，也适宜于城市和工厂栽植。在我国北方，白玉兰亦可地载，北京颐和园内就有栽种，植株高大，开花期迟至5月。白玉兰可以缩小体积作为桩景装饰，但不多见。

木棉

植物学特性与栽培技术

木棉是木棉科木棉属落叶大乔木，高达 20～30 米；树干直，树皮灰色，枝干均具短粗的圆锥形大刺，后渐平缓成突起。枝近轮生，平展。掌状复叶互生。花大，红色，聚生近枝端，春天先叶开放。蒴果大，椭圆形，木质，外被绒毛，成熟时 5 裂，内壁有白色长绵毛。木棉树姿巍峨，树形优美，春天先花后叶，花大而美丽，是南方最佳的行道树之一。

木棉喜温暖干燥和阳光充足环境。稍耐湿，忌积水，耐旱；需强光；不耐寒，生育适温 23～30℃；抗污染；深根性，抗风力强；速生，萌芽力强；寿命长，易移植，在南方可露地越冬。

常用播种、扦插、分株繁殖。播种，采种后即播或沙藏至翌年春播。发芽适温为 22～26℃，播后 30～40 天发芽。幼苗生长快，当年苗高 90 厘米左右。扦插，夏季采用嫩枝扦插，剪取长 15 厘米左右的半木质化充实枝条作插穗，插后 20～30 天可生根。分株，可在落叶期挖取树干基部萌蘖苗进行分株繁殖。苗木落叶休眠时苗高达 2.5 米可作园林绿化苗使用，如需更大苗木，可在苗圃继续培育。

苗期保持土壤湿润，每月施肥一次。开花展叶期亦须一定湿度。成年植株耐旱力强，冬季落叶期应保持稍干燥。在人工大面积种植情况下，木棉病害问题突出。木棉的主要病害有茎腐病、叶斑病、炭疽病等。幼苗期主要是叶斑病和炭疽病，发现后应立即拔除病苗，并对其余各苗喷 70％甲基托布津可湿性粉剂 800 倍液或 75％百菌清可湿性粉剂 1 000 倍液，隔 10 天喷 1 次，共喷 2～3 次。

观赏与应用

木棉是阿根廷的国花。是我国广东省广州市、潮州市、四川省攀枝花市及台湾省高雄市市花。广州早在 1930 年就曾定木棉花为市花，1982 年再次选定它为市花。故木棉文化早已融入广州市民的生活。广州人以鲜艳似火的大红花，比喻英雄奋发向上的精神，故木棉树又被誉为"英雄树"，木棉花也就成了"英雄花"，而以木棉作行道树的路段就叫"英雄路"。

木棉树形高大雄伟，树干舒展，春季红花盛开，花红如血，硕大如杯，是优良的行道树、庭荫树和风景树。先长花芽再长叶芽,盛开时冬天落尽的叶片几乎全未长出,远观好似一团团在枝头尽情燃烧、欢快跳跃的火苗,极具气势。因此,历来被人们视为英雄的象征。明朝屈大均的《南海神祠古木棉花歌》:"十丈珊瑚是木棉,花开红比朝霞鲜。天南树树皆烽火,不及攀枝花可怜!参天古干争盘拿,花时无叶何纷葩!白缀枝枝蝴蝶茧,红烧朵朵芙蓉砂。"梁伯彦《咏木棉》诗更见英雄风采:"横空挺立冠群芳,百尺临江映艳阳。正是当春堪送暖,英雄不带脂粉香"。

木棉生长迅速,材质轻软,木棉纤维短而细软,无扭曲,中空度高达86%以上。西双版纳傣族江河上承坐与运转的独立舟和龙舟就是用木棉树凿成的。笔者曾写过《独木舟》诗歌颂了木棉树之用途与民族风情:"用一根粗大的木棉树,凿成一条独木舟。祖传的民族风格,始于圆木飘浮。酷似一条龙,出没在热带雨林之中。待到节日化龙舟,奋起争胜亦风流!"

凤凰木(凤凰花)

植物学特性与栽培技术

凤凰木为云实科凤凰木属落叶大乔木,高 10~20 米,胸径可达 1 米。树形为广阔伞形,分枝多而开展。树皮粗糙,灰褐色,小枝常被短绒毛并有明显的皮孔。二回羽状复叶互生,长 20~60 厘米,有羽片 15~20 对,羽片长 5~10 厘米,有小叶 20~40 对;小叶密生,细小,长椭圆形,全缘,顶端钝圆,薄纸质,叶面平滑且薄,青绿色,叶脉则仅中脉明显,两面被绢毛。冬天落叶时,多不胜数的小叶如雪花飘落。总状花序伞房状,顶生或腋生,长 20~40 厘米。花大,直径 7~15 厘米。花萼和花瓣皆 5 片。花瓣红色,下部四瓣平展,长约 8 厘米,第五瓣直立,稍大,且有黄及白的斑点;花萼内侧深红色,外侧绿色。雄蕊红色。花期 5~8 月。荚果带状或微弯曲呈镰刀形,扁平,下垂,成熟后木质化,呈深褐色,长 20~30 厘米,内含种子 20~30 粒。种皮有斑纹。秋季(11 月)果熟。和许多豆科植物一样,凤凰木的根部也有根瘤菌共生。为了适应多雨的气候,树干基部有板根出现。原产非洲马达加斯加,世界各热带、暖亚热带地区广泛引种。

凤凰木喜高温多湿和阳光充足环境,生长适温 20~30℃,不耐寒,生长区域冬季温度不低于 5℃。以深厚肥沃、富含有机质的沙质壤土为宜;怕积水,排水须良好,较耐干旱;耐瘠薄土壤。抗空气污染。

凤凰木主要用播种繁殖，春季 4～5 月播种，种子坚硬，具胶质胚乳，须先用 90℃热水浸种 5～10 分钟或用温水浸种一天，发芽率较高。播后一周可出芽。浅根性，但根系发达，抗风能力强，萌发力强，生长迅速。一般 1 年生株高可达 1.5～2 米，2 年生高可达 3～4 米，种植 6～8 年始花。在华南地区，每年 2 月初冬芽萌发，4～7 月为生长高峰，7 月下旬因气温过高，生长量下降，8 月中下旬以后气温下降，生长加快，10 月份后生长减慢，12 月至翌年 1 月份落叶。

凤凰木播种后应根据天气变化情况，不定期查看苗床，出芽后加强水分管理，促进幼苗根系健壮生长。经观察，20 天后苗高达 10～15 厘米。出苗初期，忌施肥，可在苗长出 4～6 片叶子时用 0.3％尿素或 0.3％复合液肥对幼苗进行叶面喷施 2～3 次。在幼苗速生期可间隔 10～15 天施肥 1 次，以稀薄人粪尿或饼肥水为主。苗期应加强苗床管理，定期进行松土与除草，保证幼苗有充分的肥料和氧气供应，确保苗齐和苗壮。当幼苗长到 20～30 厘米高时，应对苗床上的幼苗进行间苗，保证苗木的正常生长和肥料的供应。间苗的原则是"去弱留强、去密留疏"。苗床较稀时可结合间苗将多余的苗按一定的苗间距进行补齐。在间苗和移苗完成后，应浇一次透水，以保证根系与苗木的紧密结合。栽种时，应选土壤肥沃、深厚、排水良好且向阳处栽植，忌种植在盐碱地或长期积水的洼地。春季萌芽前与开花前应各施肥一次。

观赏与应用

凤凰木树身高大，疏枝斜生粗壮，而花枝短状；开花时花叶迸发，由于"叶如飞凰之羽，花若丹凤之冠"，故取名凤凰木。有人寄诗云："杳杳灵凤，绵绵长归。悠悠我思，永与愿违。万劫无期，何时来飞。"这是借凤凰之花，思念自己的亲人归来。凤凰鸟在中国人民心中是神奇、高贵、吉祥之鸟。凤凰木原产于非洲，是马达加斯加共和国的国树，我国海南岛、云南西双版纳、广东、福建、四川和台湾南亚热带地区都有栽种且受到当地人民的喜欢。所以广东汕头和台湾台南市选凤凰树为市花。

凤凰木是著名的热带观赏树种，可作城市行道树、遮荫树和公园、庭园栽植都是非常合适的、美观的。每逢四月中旬傣历年，天气炎热，正是凤凰木花盛开之际，散生的树枝上犹如无数凤凰展翅飞舞，更见红艳，无限壮丽！待到花谢之后，凤羽叶间又很快长出青青豆荚，一串串逐渐下垂，长达 20～30 厘米，亦非常好看。豆荚成熟时变黄，内含 20 多枚种子。种子长矩形，种皮光滑，豹皮色，非常坚硬，不具透水性，可作装饰品。

桃花

植物学特性与栽培技术

桃花为蔷薇科李属落叶小乔木。桃在园艺上可分为果桃和花桃两大类，其中油桃（var. *nectarina*）和蟠桃（var. *compressa*）作为果桃栽种，而寿星桃和碧桃供观赏；其株体果桃比花桃高大。桃树枝干红褐色，粗糙有孔，常出现桃胶，树冠张开，叶披针形，叶缘有锯齿。桃花为典型的春季花，花1～3朵簇生，粉红色，单瓣五片，而花桃大多重瓣而花色多样。先花后叶，核果卵形，果肉肥厚，外被绒毛，果核具不规则凹纹。桃树原产我国北部及中部地区，栽培历史可追溯到商周时期，《诗经》有"桃之夭夭，灼灼其华"之赞美。桃树深受百姓栽种，随农耕之发展，而今全国各地普遍栽植，其主要产区有河北、山东、北京、陕西、山西、河南、甘肃、江苏、浙江等省市。

观赏花桃色彩多变，且多重瓣，主要品种有：①碧桃（f. *duplex*）也称粉红碧桃，重瓣；②白碧桃（f. *alba-plena*）花白色，重瓣；③绛桃（f. *camelliaeflora*）花深红色，重瓣；④撒金碧桃（f. *versicolor*）又名二乔，同树上有红、白花朵以及一朵花具红、白相杂；⑤紫叶桃（f. *atropurpurea*）叶紫红，花深红色；⑥垂枝碧桃（f. *pendula*）枝下垂，花重瓣，有白、淡红、深红和撒金等色；⑦寿星桃（var. *densa*）树矮小，节间短，还有白花和红花两个重瓣品种。

桃喜光、温暖湿润而肥沃的深厚土壤，碱性土、粘重土均不适宜栽植。耐干旱、耐高温，也耐寒，适应性广。但不耐水湿，忌洼地积水处栽培。根系较浅，但须根多，发达。寿命较短。

繁殖原种可以播种，变种及品种都需用实生苗或山桃苗作砧木嫁接。夏熟桃果食后取得种子，有休眠性，一般经沙藏层积后熟，于春季播种，按一定株行距播种育苗。实生苗当年、次年可以嫁接，也可作生长开花结果与观赏之用。桃的嫁接宜在春季多用切接或盾形芽接，砧木南方多用毛桃（*P. aganopersica*），北方则用山桃（*P. devidiana*），若改用杏（*P. armeniaca*）为砧木具有较强的抗病性和结实寿命，但嫁接亲和力弱，寿星桃还可作桃的矮化砧。

在观赏桃落叶后到萌芽前，秋季和春季都可栽植，栽植坑的长、宽、深以

1米×1米×1米为好，在坑内应施有机肥10～15千克，与土混合埋入坑中踏实，然后于坑的四周作土埂成水盆状，浇足水，待水渗后覆一层土，以保墒提高成活率。栽植后的定干高度为25～35厘米，一般采用开心树形。如自然开心形，当年定植的一年生树夏季修剪时选留方向与生长势均匀的三个主枝，三主枝按30～45度开张角延伸。新梢长到40～50厘米时即可开始夏剪，三主枝各选出3～4个二次枝定为侧枝培育，当长至30厘米以上时摘心。如主枝延长枝生长过旺时于7、8月间以二次副梢换头，即摘去原枝头，选方向、角度合适的二次副梢作头。为保证生长优势，新头附近的竞争枝，做摘心处理。同时，对其中下部的枝条也要加以处理，密者疏、强者控，保留下来的仍通过摘心、扭枝、拿枝控制其长势，促其成花，这样当年即可培养出树体骨架。冬季修剪时轻剪，即在已经形成花芽处的地方轻短截，尽可能多保留花芽、花枝，待春季花期过后复剪，去强留弱、去直留斜。选择生长方向与开张角度合适的枝条适度短截留作主枝的延长枝，其余枝条留30～40厘米剪截，使发生的健壮新梢逐年扩大，但应注意保持其与主枝的从属关系。第二年5月上中旬抹梢，抹除双生、三生和密挤梢。6～7月份疏去骨干枝上的背上枝，侧生的如有空间，留5～10厘米重短截，培养小枝组，对生有二次副梢的中强梢截在下部2～3个副梢上，这样既能缓和新梢长势，又能减少避光。控制住枝头附近的竞争枝，但枝头也不可过强，若过强时仍以二次副梢换头。8月份再进行一次普遍疏枝，重点疏除交叉、密挤、病虫枝，以及前期没有处理清的徒长枝。按上述剪法，可2年成形。几年后，待树势趋向缓和，树冠扩大缓慢以至不再扩大时，修剪主要任务是维持树势，调节主、侧枝生长势均衡，更新枝组，防治其衰老、内膛光秃。

桃树栽培过程中碰到的难题是对一些疾病的防治。对于细菌性穿孔病，结合冬剪，剪除病枝，清除落叶，减少初侵染源。药物防治采用72%农用链霉素3 000～4 000倍液在发病期喷雾。对于流胶病的防治，结合冬剪，剪去病枝，剪后及时处理伤口，涂抹保护剂、防水漆。冬春季进行树干涂白，防日灼、冻害，兼杀菌治虫。药物防治发芽前使用50%多菌灵600倍液喷枝干。对于桃蚜虫的防治，在虫口尚未迅速上升之前进行，一旦出现卷叶则很难控制。防治方法以化学防治为主。使用啶虫脒2 000～3 000倍液喷枝叶。秋后落叶前再喷一次，以消灭产卵的成虫。结合冬剪，剪除被害枝梢，集中烧毁。为保护瓢虫、食蚜蝇、草蛉、寄生蜂等蚜虫的天敌，尽可能避免使用广谱性农药，且不要在天敌活动频繁期喷药。

观赏与应用

桃花是我国传统果木和园林花木，既可食果，又可观花。我国先民对野桃栽种驯化至少有 5 000 多年的历史了，它是典型的一种农耕产物，伴随着农业生产的发展，深受广大人民的喜爱。由于桃花十分艳丽，打扮了春天，使万物得到苏醒，同时春天也是许多动物求偶时节，于是把人类感情活动也牵连进去，在民间也就产生了嬉戏的所谓"桃色事件"或"桃色新闻"，有些是有趣的，有些是无聊的。事实上，如今全国各地都保留有与桃花有关的景点，如湖南的桃花县与《桃花源记》，台湾的桃园以及《桃花庵》、《桃花扇》和"桃花夫人"、"人面桃花"之传说、戏剧，更有李白"桃花潭水深千尺，不及汪伦送我情"的诗句，成为朋友之情宜的千古绝唱。致使安徽泾县的桃花潭成为一处著名风景点，来此探春访古的人络绎不绝。

李属的桃、李、杏是城乡美化春天不可缺少的花木。江南桃红柳绿是春的象征。桃树三五株植于公园亭畔或湖畔以及山村前后，每逢阳春三月，当桃花盛开之际，才见春光明媚。杭州西湖的"苏堤春晓"之景就是以桃、柳相间而种植，真是风光无限。桃花也象征着青春活力与爱情，唐人崔护名诗给了充分表达："今日去年此门中，人面桃花映相红；人面不知何处去，桃花依旧笑春风"，多么鲜活生动。

据说崔护举进士不第，在清明节独游于长安南郊。他走到一个村子，想找点水喝，碰上一位姑娘给了一杯水喝，这也没有什么。直到第二年清明节，崔护又去姑娘家，只见闭着门却不知人去何方，不免惆怅，于是便在门上题写了上面的这首诗。随后，姑娘归来，看见此诗，非常动情，得了相思病而死，亦有说有情人终成眷属。总之，这个故事，却留下了一首脍炙人口的爱情诗篇。另有刘禹锡诗云："山桃红花满枝头，蜀江春水拍山流，花红易衰似郎意，水流无限似侬愁。"桃花炽热易衰由此引起非议，是不公正的。桃果味美除鲜食外，还可以加工成桃脯，桃酱，桃汁，桃干和桃罐头，桃仁入药或榨取工业油，桃核硬壳可制活性炭。

碧桃是桃花的一个变种，植株矮化，树枝清丽雅秀，花朵繁密，色彩艳丽，妩媚浪漫，观赏价值极高，是园林中必备的春季观赏花木。关于碧桃培育和观赏还可追溯到宋代诗词的表达。苏东坡的诗"鄱阳湖上都昌县，灯火楼台一万家，水隔南山人不渡，东风吹老碧桃花"的诗句和秦观的《虞美人·碧桃》词"碧桃天上栽和露，不是凡花数。乱山深处水萦回，可惜一枝为谁开？轻寒细雨情何限！不道春难管。为君沉醉又何妨，只怕酒醒时候断人肠"。这些对碧桃的艳丽都是非常钟情的。

天女木兰

植物学特性与栽培技术

天女木兰又名天女花，为木兰科木兰属落叶小乔木。高 4～7 米，高者可达 10 米。叶倒卵形或椭圆形，背面有白粉。花朵甚为美丽，花被片 9 枚，外轮 3 片粉红色，其余均白色。天女木兰常垂直分布于海拔 400～850 米之间的阴坡郁闭中等的阔叶杂木林中。每年六、七月份，是天女木兰盛开的季节，呈白色花纹的灰色树干，伸展出毛绒绒的灰色枝条，无数根枝条托起无数片绿叶，那绿叶呈椭圆形，片片晶莹，片片肥厚，隆起的叶脉，似在展示她生命的活跃。在两三片叶的扶衬下，但见一个八九厘米长的花梗蹿出，将一朵美丽的花朵高高举在头顶，此花不负重望，使出浑身解数，犹如天女散花，显示其婀娜多姿。

天女木兰喜凉爽湿润气候及深厚肥沃的土壤，多生于阴坡湿润山谷中。

天女木兰繁殖主要有扦插繁殖和播种繁殖。扦插，选取当年生嫩枝，长 12～15 厘米，有饱满芽，插穗上部 2～3 片叶剪除一半，下部叶去除。扦插深度为 4～5 厘米（即插穗长度的 1/3），插后浇水，使插穗和基质紧密结合。插床上覆盖塑料膜，保持插床内一定湿度，每天浇水 2～3 次，50～60 天即可生根。播种，种子于 11 月中旬沙藏，至翌年 3 月中旬后开始变温催芽，气温应在 10～25℃，4 月上中旬开始发芽，4 月中旬后发芽率即可达到 72%。播种时，使畦面平整后灌水，待水落后播种，行距 25 厘米，种距 3 厘米，覆土厚度 1.5 厘米，播后覆盖薄膜，以保温保湿，防止苗木受害。出苗初期，为加速发芽，要防风霜、防地板结。5 月中下旬苗高可达 1 厘米，一片叶，此时开始遮荫，防止日灼伤。为防止出现叶斑病和幼苗黄化，可喷洒多菌灵，并适量施肥。另外，锄草松土、灌水一定要及时。通过遮荫与全光的比较，证明遮荫苗叶片舒展、较大，生长较壮。整个夏季生长缓慢。9 月上旬，随着日照减弱，天气逐渐凉爽，撤去遮荫。此时苗木高达 4～5 厘米，长出 4～5 片叶，苗木生长强壮。10 月下旬，幼苗落叶，停止生长，冬季防寒，停止施肥灌水。

天女木兰适用于地栽，也可盆养，不论成片栽植布景，还是零星点缀，都不失其高雅气质。栽培用土以砂壤土为好，落叶阔叶林下之腐殖土最佳，pH 值在 5.5～7.0 之间均可。用肥以清淡为适，不宜过浓。浇灌用河水、雨水、池水为好。如露地栽培可以在疏林下栽植，以阴坡为宜，能耐零下 30℃ 的低温。由于天女木兰叶片较大，蒸腾作用较强，移栽后原有的生境被破坏，维持地下供水和地上部蒸腾失水基本平衡就显得尤为重要。栽植后要尽快修剪。结合美化树形以剪除徒长枝、弱枝、过密枝、下垂枝、受伤破皮枝、病虫枝、枯死枝为主。可采取短截和疏枝两种方式进行修剪。此外，如天气较旱，天女木兰叶片较多的情况下，还可通过摘叶的方式减少蒸腾失水。为了保持天女木兰的体内营养，花前要进行适当疏蕾，花后适当疏果，特别对新植株显得尤为重要。

天女木兰较抗寒，但在冬、春两季，有时也发生冻害和寒害。为了避免天女木兰受冻害和寒害的影响，除在栽培过程中适当增施磷、钾肥提高天女木兰的抗寒性以外，还要采取必要的防寒措施。在土壤结冻前灌防冻水，把主干涂白，这两项防寒措施基本上可防止天女木兰受冬春两季冻害和寒害的影响。天女木兰常遭介壳虫危害，可采取适当疏枝方式以便通风透光，在虫期喷 40% 氧化乐果 1 000 倍液或 50% 马拉硫磷 800 倍液进行防治。天女木兰常遭斑点病危害，可采取及时清除落叶、摘除重病叶，集中烧毁或深埋于土。发病前喷 1 次 1∶1∶100 波尔多液，发病后喷 50% 甲基托布津可湿性粉剂 800 倍液。每隔 10 到 15 天喷 1 次，喷药次数视病情而定。

观赏与应用

天女花株形美观，枝叶茂盛，花色美丽，具长花梗，随风招展，犹如天女散花，为著名的庭园观赏树种。天女花是值得引种和扩大人工栽培的木本花卉，其花名足以引人入胜。花可制香浸膏，也是重要的香精植物资源，栽培变种具有柠檬香味，叶片也可蒸芳香油，含油量达 1%；种子含油量很高，其油是重要的日用化工原料。天女木兰精油经分析含有 19 种成分，这些成分除用于香料外，还可药用。

天女木兰 5 年生以上的木本，可以用作稀有木本花卉嫁接用的砧木，比如白玉兰，南朴等，正是因为天女木兰有着良好的适应环境能力，因此其嫁接成活率相当高。

 ## 红花羊蹄甲 （洋紫荆）

植物学特性与栽培技术

红花羊蹄甲习称洋紫荆，为香港当时历史条件所限的称呼，现称紫荆花，是豆科羊蹄甲属植物常绿小乔木，高达 10 米。单叶互生，革质，阔心形，长 9～13 厘米，宽 9～14 厘米，先端 2 裂，深约为全叶的 1/3 左右，似羊蹄状。花为总状花序，花大，盛开的花直径几乎与叶相等，花瓣 5 枚鲜紫红色，间以白色脉状彩纹，中间花瓣较大，其余 4 瓣两侧成对排列。发育雄蕊 5，退化雄蕊 2。花极清香，花期 3 月。由于其观赏价值高，世界上热带、亚热带地区均有引种，而我国华南地区、香港、台湾广为栽培。本属常见还有白花羊蹄甲、紫花羊蹄甲和黄花羊蹄甲。另有豆科紫荆属的紫荆（*Cereis chinensis*）在此提及，以作区别。

红花羊蹄甲性喜光，喜暖热湿润气候，不耐寒，忌水涝。喜酸性肥沃的土壤。

红花羊蹄甲不易结籽，宜用无性繁殖，常用繁殖方法以扦插为主。春季，利用落叶后发芽前，此时枝条萌芽能力强，采集一年生充分成熟健壮枝条作插穗，进行扦插繁殖。一般取长 10～15 厘米的枝段，上端截成斜面，剪口应在芽眼上方 1 厘米处，下端削成平面，靠近茎节部下部约 1 毫米，这样有利于生根。如果用生根剂浸泡后生根效果更好，于春夏之交时节进行，将枝条上的小花去除，插于河泥或蛭石中生根快，注意保温保湿，最好用塑料薄膜覆盖，温度保持在 20～25℃之间，初次要浇透水，以后要根据基质的干湿度合理浇水。温度偏高时要通风降温，湿度低时要喷水。扦插繁殖平均成活率可达 70% 以上。

移植宜在早春 2～3 月进行。小苗需多带宿土，大苗要带土球。温室盆栽，春、夏水分宜充足，保持湿度。夏季高温时要避免阳光直晒，秋、冬应稍干燥。生长期施液肥 1～2 次。此花在亚热带、长江流域盆栽，冬季应入温室越冬，最低温度需保持 5℃ 以上。

栽植过程中应注意树形的美观，如出现偏长，应及时立柱加以扶正，幼树时期要作修剪整形。如有白蛾蜡蝉、蜡彩袋蛾、茶蓑蛾、棉蚜等危害，可喷施 90% 敌百虫或 50% 马拉松乳剂 1000 倍液杀灭。

观赏与应用

红花羊蹄甲树冠雅致，花大而艳丽，叶形如牛、羊之蹄甲，极为奇特，是热带、亚热带观赏树种之佳品。宜作行道树、庭荫风景树。其单朵花期约 10 天，整株花期长达数月。紫荆花以行道树在香港地区、广东、福建广为栽培，该花具有花期长，花朵大，花形美，花色鲜，花香浓五大特点。

红花羊蹄甲是 1880 年在香港被首次发现的，经当时港督亨利·亚瑟卜力爵士和植物学家共同研究，确认为羊蹄甲属的新品种，并以卜力爵士的姓氏为之命名，原意为洋紫荆。香港人称为"紫荆花"，又因其属羊蹄甲属，叫它"红花羊蹄甲"或"紫花羊蹄甲"，而台湾则为其花大而色艳，称"艳紫荆"，甚至还有"香港樱花"的别称，则是从英文名"Hong Kong Orchid Tree"直接翻译而来。1965年，红花羊蹄甲正式被定为香港市花，1997年后中华人民共和国香港特别行政区继续采纳紫荆花的元素作为区徽、区旗及硬币的设计图案。

 # 白兰花

植物学特性与栽培技术

白兰花为木兰科含笑属常绿乔木，株高3～5米，或更高。树皮呈灰白色，多分枝，幼枝呈绿色。叶大互生，椭圆形，长达10～20厘米，叶端尖，全缘。单花从当年生短枝叶腋间孕育，花白色肥厚，花瓣线型狭长，5片，有浓烈香气。花蕊柱状呈淡色。单花开放期仅3天凋谢，但众多花枝不断现蕾，花期长达半年。

白兰花原产喜马拉雅山区及马来半岛，我国广东、海南、广西、云南、福建、台湾均广有栽种。白兰花栽培历史悠久，在我国广州、福州公园、街道两边随处可见高大粗壮的白兰花，满城飘香。而华东地区也早有栽种，特别在江浙一带，虽受冬季低温条件限制，但仍受人们的喜爱，以盆栽闻香观赏。浙江温州、台州地区露地栽种白兰花已获成功，在短期零下几度，老树不会冻死，却出现落叶。杭州地区，冬季较冷，家庭盆栽白兰花必将入室保温，有时因干燥或冻害引起落叶，明春能发新枝，生长恢复缓慢而影响夏季开花。

白兰花喜阳光充足、温暖湿润气候。

白兰花一般采用嫁接和压条繁殖，而扦插不易成活。传统的高空压条方法是在6～7月选取二年生枝条，稍加刻伤或环状剥皮至木质部处，然后用已对开的竹筒或花盆合上，内装腐殖质土或苔藓，用绳绑紧，保持湿润，约2个月后生根，剪离母株另行栽植。嫁接主要采用靠接法，常用砧木有紫玉兰，即黄兰（*M. champaca*），在6～7月梅雨季节进行，选取2年生白玉兰枝条与砧木粗细相同，将它们各削去皮层和部分木质部7～8厘米长，削面平滑，使两者密接，用麻皮或塑料薄膜扎紧，约60～70天愈合，与母株割离成苗。

白兰花盆栽管理十分重要，直接影响树型和开花，树冠为开放型，必须细心养护。在长江流域，3～4月白兰花出房时，必须换盆，增添疏松肥土，外加复合肥，有利于根系发育，夏季开花，花期可长达数月，不仅多浇水而且还要浇腐熟的饼肥水，以促进萌发新枝，多开花。平时要多给叶面及植株喷水增加湿度，预防虫害发生。如果有发生，数量较少时，可用喷雾器喷洒清水冲洗叶片。如果虫量较多，可喷20％三氯杀螨醇乳油1 000倍液除虫。

白兰花栽培过程中尤其要重视绵蚜虫防治。应通过整形修剪，去掉病虫枝、重叠枝、细弱枝等以改善树体内部光照条件，提高白兰花的抗病虫能力；此外，通过各种养护管理使绵蚜虫生长环境恶化从而达到控制绵蚜虫的目的。平时注意观察叶背、幼嫩枝叶、树体内膛的枝干部分，如发现有白色绵状物，可选用抗蚜威、乐果、乐斯本等农药，在晴天早上或傍晚喷1～2次就可以得到控制。

观赏与应用

白兰花树形端庄高雅，它是南方园林的一种著名香花。花色洁白，与茉莉、栀子花并称为"盛夏三白"。在广东、福建、四川、云南一些城市成行种植作行道树，以及公园庭园栽植，是很美观的。而在浙江、江苏一带城市公园或庭园也留下了白兰花足迹，部分地载，大多为盆栽。特别是盆栽，只要管理得当，白兰花枝叶茂盛，夏日花开不断，花芽如尖尖玉指孕育在粗壮的新枝叶腋间，欣欣生机，花态娇艳可人，而且花香浓郁，沁人心脾。

在我国木兰科植物有悠久的栽培历史，唐代白居易有诗云："腻如玉脂涂朱粉，光似金刀剪紫霞；从此时时春梦里，应添一枝女郎花。"这里分明指的是玉脂似的白兰花而不是洁白如玉的大花白玉兰。在江浙一带视白兰花为一种高品味的花木象征，种好白兰花会受到别人的青睐。因为浙江南部可以露地栽种白兰花而北部只能盆栽，这样的北缘的生态环境栽植好白兰花，株体矫小，自然受到人们叫好。所以当地出售白兰花，送白兰花最为珍贵，并可作为少女、妇人装饰品，显得高雅得体而胜于茉莉花。白兰花用于佩戴装饰外，还可熏制花茶，提取香精。

 ## 海棠花

植物学特性与栽培技术

海棠为蔷薇科苹果属落叶小乔木。海棠枝干直立，高达3～5米或更高，树冠广卵形，树皮灰褐色，嫩枝有短柔毛，叶互生，椭圆形，边缘有细锯齿。花序近伞形，有花数朵簇生，蕾期红色，开后变粉红色，复瓣。果近球形，黄绿色，内含种子4～10枚。花期4～5月，果熟期9～10月。海棠有海棠花和海棠果之分。自古且有"四品"之说，即西府海棠、贴梗海棠、垂丝海棠和木瓜海棠四种，它们同属于蔷薇科的春花树种，但西府海棠、垂丝海棠属苹果属，而贴梗海棠和木瓜海棠属木瓜属。本文所述的海棠有2个变种，即红海棠（*M. spectabilis* var. *riversii*），亦叫西府海棠；另有白海棠（*M. spectabilis* var. *albiplena*），花白色或微红。各有特点。

海棠原产我国华北、西南、华东各地山区，现在南北各地均有栽培作为观赏。性喜阳光，耐寒，耐旱，所以，在北方干燥地区适宜生长，但在南方湿润肥沃土壤上，长势旺，易生萌芽条，同样适合生长。

海棠花的繁殖有嫁接、压条、分株和播种。嫁接宜在早春发芽前剪取枝梢进行切接，砧木可选取2年生以上的山荆子或海棠实生苗。种子在成熟后采收即行播种或沙藏后春播，于初夏萌发，实生苗成花较慢，约需6年后才开花。再者，实生苗产生变异，不能保持原来优良特性，一般多用嫁接法繁殖。分株切取根蘖宜在春季进行，次年就会开花。海棠需带土移植，在冬季或早春均可，在瘠薄土壤上挖穴栽种时要加些有机肥为好。

海棠适应性强，耐寒、耐旱、忌水涝，一般在花期浇1次透水，雨季及时排除积水，以防烂根。每年中耕除草2～3次。保持园地清洁。冬前浇越冬水，萌芽前浇萌动水，保持土壤湿润。另外，在入秋后要控制浇水，防止秋发，以免使新生枝条在越冬时遭受冻害。浇水一般与施肥相结合。定植当年为缓苗期，修剪量不宜过大。第二年要及时剪除过密枝、病虫枝、交叉枝。为培养骨干枝，一般选留4对健壮、分枝均匀的侧枝作为主枝，除去其余侧枝，最好下强上弱，主枝与中央领导干成40°～60°角，且主枝要相互错开，每个方向每对主枝间的距离为30～40厘米。冠幅与枝下高度的比值一般为2∶1，使全株形成圆锥形树冠。若用于盆景，春季新梢进入速生期，抹去多余或过密枝，对保留枝进行反复摘心，一般枝条长出4～5片成熟叶时摘心，根据个人爱好培养理想的树型。对长势较强的品系复色海棠等适宜培育中型盆景；对树势中庸或偏弱的品系长寿冠、长寿乐、银长寿等适宜培育中小型盆景。树型可采用单干式、曲干式、双干式、丛林式等。在修剪的同时要注意开花枝的更新，因为每种植物都是有寿命的，海棠的开花枝也不是越老越好，而是3～5龄的枝条开花量最多。因此，不能一味保留老枝，疏除新枝，也不能对新生枝条不管不问，放任其自然生长。正确的方法是逐年更新开花枝，使植株始终保持盛花状态，更新开花枝一般 1 年 2～3 枝。多余的新生枝条可以疏除。

观赏与应用

海棠花自古就是园林、庭园中著名的观赏花木，可在门庭两侧对植或在亭台周围与小院中心或在丛林边缘、水滨布置都是很美观的。海棠枝干峭立，绿叶圆柔，花朵红白相生，涵蕴着梦幻般的光晕。尤其产于四川的西府海棠闻名于世，故有"岷蜀地千里，海棠花独妍"之说。观海棠的最佳时间是在含苞欲放之时，且有诗为证："着雨胭脂点点消，半开时节最妖娆；谁家更有黄金屋，深销春风贮阿娇。"

据史料记载，早在唐代就尊海棠为"花中神仙"。至宋代苏东坡和陆游爱海棠已达到发痴、如狂的程度，有诗为证："东风袅袅泛崇光、香雾霏霏月转廊；只恐夜深花睡去，高烧银烛照海棠。""为爱名花抵死狂，只恐风日损红芳；绿帝夜奏通明殿，气借春阴护海棠"。一位要在黑夜用蜡烛照海棠不致她的美貌为之消失；另一个幻想用上奏的办法，乞求上天保护海棠花芳容，诗情横溢，赏花情调极为浪漫，也为我们提供了赏析。

有识者认为海棠花艳于寒梅，素于桃，独具风韵。所以，今天我们观赏又赋予新的情意。近代周恩来总理在中南海西花厅前种了 10 余株西府海棠，他不仅爱海棠，以点缀风景，而且以海棠花为礼物赠送友人，传递友好感情。据知，1996 年，周总理去日内瓦开会，邓颖超摘下一朵海棠花，压在书中托人捎去，总理回到北京后，爱惜此花与情感，把它镶在镜框，挂在墙上，这确实是爱花及人的故事。

贴梗海棠（*Chaenomeles spiciosa*），浙江庭园有着广泛栽种，落叶灌木，根茎易萌蘖而丛生，高达 2～3 米，叶椭圆形，紫色小枝有刺；花着生于紫色茎干的短枝上，数朵丛生，先花后叶或花叶几乎同时出现，花如胭脂着色，很深红，在青紫的小叶衬托下，显得非常鲜艳可爱。著者曾从校园中分株获得贴梗海棠栽种，且易切枝扦插成活，植于自家门前小园，每逢春天，在桃花落尽之后，始见海棠花孕蕾缓缓开放，确实非常艳丽，赏心悦目。

 # 刺桐花

植物学特性与栽培技术

刺桐花别名象牙红，豆科，刺桐属，落叶灌木或小乔木。一般高 5～15

米。干皮灰色，具圆锥状皮刺，分枝粗壮，有粗刺。小叶3枚，顶端一枚较大，宽卵状三角形，长10~20厘米。总状花序腋生，花多而密，花萼二唇形；花冠鲜红色；旗瓣长约4厘米，狭长椭圆形，平覆在翼瓣和龙骨瓣上，形若金凤。春末夏初时先叶开放。荚果梭形，念珠状。种子暗红色，肾形，在秋季成熟。花期长达月余，如水、肥适当，一年能开两次花。刺桐花主要品种有珊瑚刺桐、火炬刺桐、黄脉刺桐、大叶刺桐和鸡冠刺桐，其中，鸡冠刺桐常用于风景区、住宅区、庭院和道路两侧等地方的绿化种植

刺桐花喜阳光充足、高温而又通风的环境和排水良好的肥沃沙壤土，忌潮湿的粘质土壤，不耐寒，北方盆栽，冬季温度应保持4℃以上。

刺桐花多采用扦插繁殖。春夏之交用一年生嫩枝或二年生半木质化枝条扦插。插穗10~15厘米，插入素砂土，深3厘米，喷透水，置半荫处，一个月即可生根。

盆栽越冬室温应保持10~15℃，翌春移株定植。刺桐枝条生长极不规则，每年入室前或春季出室前，进行强修剪，促发新枝形成花芽。对生长过长的枝条，可在花后摘心，控制其生长，调整株型。

观赏与应用

刺桐原产于亚洲热带地区，在我国南方地区广为栽培。主要分布于福建、广东、广西、台湾、云南、湖南和浙江等地，是庭园风景树和行道树。

刺桐曾被一些地方的人们看作时间的标志。比如有史料记载在300多年前，台湾平埔族山里的同胞们没有日历，甚至没有年岁，不能分辨四时，而是以山上的刺桐花开为一年，过着逍遥自在的生活。日出日落，花开花谢又一年。这样自然美丽的时钟带着淳朴的乡趣，也是人们心中的图腾所向。

国外刺桐也被世人所推崇。阿根廷人普遍喜欢刺桐，并以之为国花。这可能与当地的一个古老传说有关：很久很久以前在阿根廷境内，有许多地区常遭水灾，但是，人们发现只要有刺桐的地方，洪水就不会把那个地方淹没。因此，阿根廷的人们把刺桐看成是保护神的化身，四处广为栽培，并将它推举为国花。每年元旦，阿根廷人都要将许多新鲜的刺桐花瓣撒向水面，然后跳入水中，在水中用这些花瓣搓揉自己的身体，以表示去掉自己身上的污垢，从而得到新年的好运。刺桐日常的作用也是很多的。它适合单植于草地或建筑物旁，可供公园、绿地及风景区美化，又是公路及市街的优良行道树。刺桐木材白色而质地轻软，是制作木屐或玩具的良好材料。而它的树叶、树皮和树根可入药，有解热和利尿的功效。

木芙蓉

植物学特性与栽培技术

木芙蓉是锦葵科木槿属落叶灌木或小乔木。枝干密生星状毛，在较冷地区，秋末枯萎，来年由宿根再发枝芽，丛生，高 1～2 米。而冬季气温较高之处，则高可及 7～8 米，且有径粗达 20 厘米者，大形叶，广卵形，呈 3～5 裂，裂片呈三角形，基部心形，叶缘具钝锯齿，两面被毛。花于枝端叶腋单生，有白色或初为淡红后变深红以及大红重瓣、白重瓣、半白半桃红重瓣和红白相间者，名曰"三醉芙蓉"。变色品种因其变色而美称"娇容三变"。木芙蓉从初夏花蕾渐生渐开至晚秋前后，花期才基本结束。原产我国，除东北、西北寒冷地区外，其他地区均有其分布，尤为湖南、四川最盛。

木芙蓉性喜阳光充足的环境，略能耐阴，不耐严寒，在零下 10℃下便会冻死，北方地区不能露地越冬。喜湿润的气候，在临水的地方种植生长茂盛。对土壤要求不严格，耐瘠薄，但不耐干旱，也不耐盐碱，在疏松肥沃的沙质壤土上生长发育良好。

木芙蓉喜温暖、湿润环境，不耐寒，忌干旱，耐水湿。对土壤要求不高，对土质要求不严，在疏松、透气、排水良好的沙壤土中生长最好。

木芙蓉繁殖以扦插为主，也可分株、压条或播种繁殖。扦插以 2～3 月为好。选择湿润沙壤土或洁净的河沙，以长度为 10～15 厘米的 1～2 年生健壮枝条作插穗。扦插的深度以穗长的 2/3 为好。插后浇水后覆膜以保温及保持土壤湿润，约 1 个月后即能生根，来年即可开花。在长江流域及以北附近地区栽培时，每当入冬前须平茬并适当培土防寒，翌年春暖后去土即会从根部萌发新枝，秋季则能开花。在华南暖和地区则可培育成小乔木，都能成长至 7～8 米高。分株繁殖宜于早春萌芽前进行，挖取分蘖旺盛的母株分割后另行栽植即可。播种繁殖可于秋后收取充分成熟的木芙蓉种子，在室内贮藏至翌年春季进行播种。木芙蓉的种子细小，可与细沙混合后进行撒播。苗床用土要细，播后覆土、洒水并保持苗床湿润，一般 25～30 天后即可出苗，翌年春季方可移植。

木芙蓉的日常管理较为粗放，天旱时应该注意浇水，春季萌芽期需多施肥水，花期前后应追施少量的磷、钾肥。每年冬季或春季可在植株四周开沟，施些腐熟的有机肥，以利植株生长旺盛，花繁叶茂。在花蕾透色时应适当扣水，以控制其叶片生长，使养分集中在花朵上。木芙蓉长势强健，萌枝力强，枝条多而乱，应及时修剪、抹芽。木芙蓉耐修剪，根据需要既可修剪成乔木状，又可修剪成灌木状。修剪宜在花后及春季萌芽前进行，剪去枯枝、弱枝、内膛枝，以保证树冠内部通风透光良好。在寒冷地区地栽的植株，冬季其嫩枝会冻死，但到了翌年春天又能萌发出更多的新梢。因此，最好将其株形培植成灌木状。木芙蓉盆栽宜选用较大的瓷盆或素烧盆，盆土要求疏松肥沃、排水透气性好，生长季节要有足够的水分。在北方，冬季移至温度在 0～5℃ 的室内越冬，保证其充分休眠，以利于来年开花。

木芙蓉栽培过程中需要注意病虫害防治。白粉病发病初期在叶面出现白粉状的小斑点，后许多小斑点汇合成大斑。受害严重时，植株衰弱、叶片发黄并提早脱落。防治方法：发病初期喷洒25％粉锈宁2 000～2 500倍液，或在早晨露水未干时喷撒少量硫黄粉。大青叶蝉以成虫或幼虫在嫩芽、叶片、嫩枝上刺吸汁液危害，导致枝干逐渐枯死。防治方法：于9月底成虫产卵前在枝干上涂药剂，防止产卵。在幼虫危害期喷洒50％西维因500倍液或2.5％溴氰菊酯2 000倍液。朱砂叶螨危害植株叶片。被害叶初呈黄白色小斑点，后逐渐扩展至全叶，造成叶片卷曲、枯黄脱落。防治方法：喷洒40％氧化乐果1 000～5 000倍液。喷药时应对准叶背面，并注意喷洒内膛及中、下部叶片。

观赏与应用

芙蓉是荷花别名。木芙蓉为落叶灌木或小乔木，因花似荷花，故名木芙蓉。木芙蓉清姿雅质、花大色艳，从初夏花蕾渐生渐开至晚秋前后，花期才基本结束，因而有其"千林扫作一番黄，只有芙蓉独自芳"之赞美。我国自古以来多在庭园栽植，可孤植、丛植于墙边、路旁、厅前处。特别宜于配植水滨，开花时波光花影，相映益妍，分外妖娆，所以《长物志》云："芙蓉宜植池岸，临水为佳。"

木芙蓉有3 000年以上的栽培历史，培育了许多品种、变种。据花的颜色可分为：红芙蓉，花大红；白芙蓉，花色洁白；五色芙蓉，色红白相嵌；还有一种"醉芙蓉"，早上白色，中午变浅红色，晚上变深红色，又称"芙蓉三变"、"三醉芙蓉"。

木芙蓉作为花中的高洁之士或女性代表，历来被众文人所赞咏，屡屡出现在文学作品之中。李白云："昔作芙蓉花，今为断肠草"；苏东坡云："溪边野芙蓉，花水相媚好"；范成大云："袅袅芙蓉风，池光弄花影"。王安石云："水边无数木芙蓉，露染胭脂色未浓。正似美人初醉着，强抬青镜欲妆慵。"白居易有"花房腻似红莲朵，艳色鲜如紫牡丹"。极言木芙蓉的芳艳清丽。自唐代始，湖南湘江一带亦种植木芙蓉，繁花似锦，光辉灿烂，唐末诗人谭用之选文赞曰："秋风万里芙蓉国"。从此，湖南省便有"芙蓉国"之雅称。毛泽东主席所写的诗句："我欲因之梦寥廓，芙蓉国里尽朝晖"，其中"芙蓉国"就是指他的家乡湖南。然而，四川成都历来是遍植木芙蓉的城市，故有"芙蓉城"之称。

含笑

植物学特性与栽培技术

含笑为木兰科含笑属常绿灌木或小乔木。株高 2～4 米，分枝紧密，组成伞形树冠，小枝和叶柄密生褐色茸毛。叶椭圆形，互生、革质、全缘。花单生于叶腋，花苞玉色晕边，花瓣 6 枚，花冠半开半吐状，呈乳黄色或乳白色。花香浓郁，有如香蕉气味，别名香蕉花。花期 4～6 月，果熟期 10 月，小果菁葵果卵形，先端鸟嘴状，外有白色疣点。含笑原产我国广东、广西、福建一带，分布于华南至长江流域各省，北方各地均有盆栽。它与白兰花和黄兰同属，都是观赏花木。

含笑喜温暖湿润气候，喜光、耐半阴，不宜暴晒，能耐零度低温，在江浙一带可以地载与盆栽。对土壤有一定要求，喜肥沃酸性土壤，不耐石灰质土壤及排水不良的黏质土壤。

含笑可采用分株，扦插、嫁接和播种繁殖。分株在每年春季进行，一般生长条件好而有分蘖出现可分株。扦插选用当年生木质化的枝条，剪成 5～10 厘米长，在 6 月间插入砂基苗床，遮阴保湿，30～40 天生根成活。嫁接多采用辛夷或野木兰作砧木，在 3～4 月以切接、劈接方法进行，成活率高。种子 10 月成熟，有休眠性，采收后，经沙藏层积后熟，于明春播种萌发，可培育大量苗木，成花期需要 4～5 年。

含笑栽植长江以北地区均盆栽观赏，华南地区露地栽植。长江流域室外栽植应在向阳、背风处防寒越冬。栽植应在春季萌芽前进行，最好带土团移植。含笑盆栽宜用 30～40 厘米口径大小的花盆栽种，底垫瓦片和煤渣，利排水。盆栽每年需翻盆换土一次，并给予充分光照，但夏日不宜暴晒，冬季入室，放于阳光充足之处，室温保持 10～15℃，若低至 -13℃ 时则会受冻落叶。夏秋季每月需施肥一次。冬季适当整枝，将病弱枝、干枯枝、过密枝除去，使株形美观，通风透光。花谢后及时摘除残花，避免不必要的养分消耗，使来年开好花。

华北地区栽培浇水成为难题。华北地区水一般为碱性，浇含笑的水应为微酸性，因此应将水酸化处理后再进行浇花。方法是水中加少量食醋或硫酸亚铁，pH 值为弱酸性后即可使用。冬季可少浇水，不干不浇，保持空气润泽。夏季每天上午浇水，主要保持周围环境湿润及叶面需水，下午浇稀薄腐熟的矾肥水。

观赏与应用

含笑是著名芳香观赏花木，花开馥郁动人，适于庭园、公园及园林绿地散植或丛植，无论是晚春赏花或是夏日观叶都是温馨的。特别是含笑半开欲放的花朵引得文人咏叹："花开不张口，含羞又低头；拟似玉人笑，深情暗自流。"这对含笑的刻画既细腻又传神。"只有此花偷不得，无人知处忽然香"，可见花香之浓郁。

含笑在浙江省有广泛栽种，既可地栽亦可作盆栽。5～6 年生的含笑盆栽不过 70～80 厘米，枝叶茂密，花开数十朵，置于居宅小园，闻香观赏，确是一种很不错的盆景。浙江许多林业单位，如林科所，林场的庭院或办公楼前，大多栽植含笑树种，株高在 2～3 米，扁平的冠幅甚大，枝叶茂密，每逢春天花开满树，花香四溢。作者曾在某林场观察到一株 30 多年龄的含笑花，花开满树，有人估计总花数达 3 千朵之多。的确，它成为林业工作者喜欢栽种的观赏花木。

紫薇

植物学特性与栽培技术

紫薇为千屈菜科紫薇属的落叶灌木或小乔木，高达 3～7 米。树皮光滑，树干多扭曲，树冠不整齐，幼枝四棱。羽状复叶，小叶互生或近对生，椭圆形至倒卵形，先端尖，全缘。圆锥花序顶生于当年生枝端，长约 20 厘米，多为紫色，粉红色，亦有白色和蓝色，花瓣 6 片呈波皱状，花萼半球形，绿色，雄蕊多数黄色。果实为蒴果，椭圆形，6 瓣开裂，内有细小种子多数，有小翅。紫薇产于澳洲北部、印度、马来西亚和我国中南部，现在南北方各地广为栽植。紫薇常见品种有：矮紫薇、蔓生紫薇、银薇等几个品系，矮紫薇以日本矮紫薇性状比较稳定。

　　紫薇喜阳光、稍耐阴，既耐寒又耐旱，对土壤要求不严格。南京紫金山阳坡岩石边有野生紫薇出现、生长良好。浙、皖山区一带亦有野生紫薇分布。若在阳光充足，土壤肥沃的湿润的地方生长更加旺盛。在江浙一带，紫薇春季生长萌发较晚，4 月才发新芽，经 5 月生长后，方出现花芽，花期 7～8 月，蒴果 9～10 月成熟，成簇花序久经不凋。

　　紫薇萌发力强，生长势强健，故耐修剪。这种特性在园艺栽培上可用于作分株与扦插繁殖。分株在冬季进行，由于土壤肥沃疏松，易发根蘖，每隔年分株一次，更会促进植株的分蘖效应。紫薇枝长而节密，取一年生半木质枝或当年生嫩枝，切段 15 厘米左右，在 5～6 月。插于砂基苗床，给予遮荫保湿，不仅成活率高而且成株快，2～3 年植株开花，可以出圃定植。紫薇种子细小具小翅，不休眠，光促进萌发。关于种子休眠与萌发特性，可参阅《种子生理生态学》一书（管康林，2009）。如果有温棚苗床，秋季采收种子可随采随播，在 20～25℃时，10 天萌发；种子亦可干藏室内于春季播种，覆浅土，有利于萌发。当年实生苗生长量约 40～50 厘米，第二年整枝移植，第三年出现开花。所以，种子繁殖也很容易。紫薇亦可用老干截枝繁殖，是制作盆景的好材料。

　　紫薇喜阳光，生长季节必须置室外阳光处。春冬两季应保持盆土湿润，夏秋季节每天早晚要浇水一次，干旱高温时每天可适当增加浇水次数，以河水、井水、雨水以及贮存 2～3 天的自来水浇施。春夏生长旺季需多施肥，入秋后少施，冬季进入休眠期可不施。雨天和夏季高温的中午不要施肥，施肥浓度以"薄肥勤施"为原则，在立春至立秋每隔 10 天施一次，立秋后每半月追施一次，立冬后停肥。紫薇耐修剪，发枝力强，新梢生长量大。因此，花后要将残花剪去，可延长花期，对徒长枝、重叠枝、交叉枝、辐射枝以及病枝随时剪除，以免消耗养分。盆栽紫薇每隔 2～3 年更换一次盆土，用 5 份疏松的山土、3 份田园土、2 份细河沙混合配制成培养土，换盆时可用骨粉、豆饼粉等有机肥作基肥，但不能使肥料直接与根系接触，以免伤及根系，影响植株生长。

　　家庭盆栽的紫薇如果发现感染了白粉病等疾病，对发病重的植株，可以在冬季剪除所有当年生枝条并集中烧毁，从而彻底清除病源。同时及时摘除病叶，并将盆花放置在通风透光处。田间栽培要控制好栽培密度，并加强日常管理，注意增施磷、钾肥，控制氮肥的施用量，以提高植株的抗病性；同时也要注意选用抗病品种。

观赏与应用

　　据知紫薇栽种历史悠久，早在唐朝初期，由于翰林院里种了许多紫薇，因此，那里的翰林士就叫"紫薇郎"。白居易也在翰林院里做过官，面对盛开的紫薇，写了一首传世诗篇，即《咏紫薇》诗："丝纶阁下文章静，钟鼓楼中刻漏长；独坐黄昏谁是伴，紫薇花对紫薇郎。"此诗作了难得的记实。诗中的"丝纶"，即帝王的诏书，"丝纶阁"，意为中书省，即颁布诏书，执行帝王命令的地方。以此表达了诗人夜间漏斗滴水计时漫长而独坐无伴之感。杨万里亦有诗云："似痴如醉弱还佳，露雨风欺分外斜；谁道花无百日红，紫薇花开半年长。"却表达了紫薇花姿之美和花期之长也。

紫薇自古以来一直是深受人们喜爱的观赏花木，至今受到很好保护，各地庭院古寺都留有不少紫薇古树，而且山林中的野生资源也很丰富。前些年，据湖南保康县调查发现了大片野生紫薇林，树木多达 50 万株，其中 500 年以上树龄的就有近万株。此外，江西、贵州、湖北境内均发现了千年树龄古紫薇，树干粗大，树冠亦大，年年花开似锦，令人叫绝。

如今紫薇仍是长江流域园林的一种常见观赏树种。紫薇树姿优美，树干光洁，花色艳丽而花期长，可用作园林行道树或庭园栽植或制作盆景，配以山石都具有很高的观赏性。庭园种植的紫薇有大花紫薇（*L. speciosa*），也称大叶紫薇，叶长 10~25 厘米，花大，花序也大，花萼有明显槽纹及糙毛，花瓣淡红色，多皱，很美丽。南紫薇（*L. subcostata*），幼枝近园筒形或不明显的四棱，叶长园形或长园状披针形；花较小，花萼有 10~12 条棱，原产闽、粤南方。浙江紫薇（*L. chekiangensis*），叶片两边有毛及花梗、萼筒均有色，花浅紫色，产浙江。

三、灌木类名花

灌木类名花主要有玫瑰、丁香、茉莉、石榴、琼花、迎春花、金银花、栀子花、紫荆、红花檵木、黄刺玫、瑞香、朱槿、蜡梅、叶子花、鸡蛋花。

🍀 玫瑰

植物学特性与栽培技术

玫瑰为蔷薇科蔷薇属落叶直立灌木，高 1~2 米，枝干刺多。叶片羽状对生，奇数复叶，小叶 5~9 片，质较厚，椭圆形，托叶大部和叶柄合生。花单生或数朵聚生，紫红色，单瓣或半重瓣，芳香。花期 5 月，而商品花可二次开花，作切花。果扁球形，红色光滑，内含多数瘦果，萼片宿存。

我国是玫瑰原产地之一，主要分布在华北、西北、西南地，只因近代大型玫瑰新品种从西方输入，误认为玫瑰是洋货，月季是土产。玫瑰与月季是姐妹花，株体与花形，花色都很相似，而今大型月季花玫瑰品种较难区别，为混交花，而玫瑰仅开二三度，纯种的玫瑰花富含芳香油较月季香。

据知玫瑰原始品种包括野生玫瑰有 250 种，而混种与变种成千上万，现称香玫瑰有 30 多种，但亲本只有三种。第一种是红玫瑰（R.gllica），原产高加索，常称法国玫瑰。第二种千叶玫瑰（R.entifolia），原产于波斯，常称普洛斯旺玫瑰。第三种大马士革玫瑰（R.damascena），原产于叙利亚，香气扑鼻，富含香精，是最常见供蒸馏精油的玫瑰。

玫瑰喜阳光，在阴处生长不良，且耐寒，耐旱。它对土壤选择虽不严格，但作为商品生产，必需给予足够营养才长出健壮的枝叶和艳丽的花朵。因为玫瑰是浅根系，大量的水平侧根分布在土层深 20～30 厘米处，垂直根生长较少。所以植株处于肥沃湿润的土壤，其根茎处容易发生萌蘖，有助于更新再度孕育大花蕾。

玫瑰可采用扦插、分株和嫁接繁殖。扦插取一年生枝可切成长约 10 厘米一段，于 5～6 月间插于苗床，30～40 天生根成活。嫁接砧木通常采用蔷薇和月季的实生苗，有芽接，切接，腹接均可。分株是个很有效方法，因为玫瑰有愈分愈旺的特点。分株时间一般处于冬季落叶后萌芽前进行，容易成活，且当年开花。为了大量繁殖，除扦插繁殖外，还可用埋条繁殖，主要在冬季或春季发芽前齐地面剪下更新的老枝或当年枝，开沟平放，枝条头尾相接，盖上10～20 厘米表土再盖草，以保温保湿。沟底事先用过磷酸钙做底肥，能促进生长，当然，这种埋条方法，只适用于某些易生根的品种。单瓣玫瑰能结种子，可播种繁殖。种子有休眠性，采用秋播或沙藏后春播，于春季萌发。幼苗培育次年出圃，第三年开花。

玫瑰在黄河流域及其以南地区可地栽，露地越冬。在寒冷的北方地区应盆栽，室内越冬，或挖沟埋盆越冬。在秋季落叶后至春季萌芽前均可栽植，应选地势较高、向阳、不积水的地方栽植，深度以根距地面 15 厘米为宜。盆栽时采用腐叶土、园土、河沙混合的培养土，并加入适量腐熟的厩肥或饼肥、复合肥。栽后浇 1 次透水，放庇荫处缓苗数天后移至阳光下培养。无论地栽、盆栽均应置于阳光充足的地方，每天应接受 4 小时以上的直射阳光，不能在室内光线不足的地方长期摆放。冬季入室，放向阳处。适宜生长温度 12～28℃，可耐－20℃的低温。在郑州地区可安全露地越冬。栽植前在树穴内施入适量有机肥，栽后浇透水。地栽玫瑰对水肥要求不严，一般有 3 次肥即可。一是花前肥，于春芽萌发前进行沟施，以腐熟的厩肥加腐叶土为好。二是花后肥，花谢后施腐熟的饼肥渣，以补充开花消耗的养分。三是入冬肥，落叶后施入厩肥，以确保玫瑰安全越冬。盆栽玫瑰在生长期可施稀薄肥水，间隔 10～15 天施 1 次。玫瑰耐旱，一般地栽的平时不浇水，炎夏或春旱时 20～30 天浇 1 次；盆栽的 2 天浇 1 次，炎夏或春旱时 1 天浇 1 次。一般不需修剪，对老株修去过密枝、干枯枝、病虫枝即可。玫瑰开花，随开随摘，摘后再开，否则只开 1 次花。至于花期，一般以自然花期为好。花蕾期喷施花朵壮蒂灵，色艳，花期长。

在玫瑰实际栽培中，玫瑰会被白粉病、黑斑病、霜霉病、锈病等所危害，会遭到梨圆蚜、蜻类、玫瑰茎蜂、蔷薇白轮蚜、蓑蛾、种蝇、钻心虫等有害动物的侵袭。对此，可以通过经常喷水，加强通风等改善生态环境的措施予以防范，亦可喷施农药进行灭杀。

观赏与应用

在欧洲，玫瑰被认为是高贵和爱的化身，有至高无上的地位，被尊为百花女王，且成为英国、美国、罗马尼亚、伊朗、伊拉克、叙利亚和保加利亚国的国花。白玫瑰代表纯洁的友情，粉红色的玫瑰表示初恋，深红色表示热恋；由12 朵组成的花束表示求婚，99 朵表示爱到极致。这种男女青年的求爱方式在中国也开始流行，玫瑰被视为爱情之花。

玫瑰植株挺拔、多姿，花色十分艳丽而芬芳，最受人们喜爱。对于国人赞美玫瑰，自古有之；早在唐代徐寅诗云："芳菲移自越王台，最似蔷薇好并栽；称绝尽怜胜彩绘，嘉名谁赠作玫瑰。"此诗表明春秋时越王台就有栽种蔷薇与玫瑰，谁最先用了玫瑰这美丽的名字还应值得考查？其实，"玫瑰"一词早在西汉时已出现，原指美艳之宝石，但到了唐代玫瑰花已有表达，如白居易的"菡萏泥连萼，玫瑰刺绕枝"之名即是。

可惜近代，国人对玫瑰的新品种培育和玫瑰精油的利用大大落后，误以为玫瑰是外来品。无可否认，玫瑰是一种世界性名花，当今我国各大城市的园林中都有玫瑰园或丛植玫瑰布置于花坛，花茎点缀风景，花香满园，为游人所欢喜。把玫瑰、月季、蔷薇种植在一起。春夏竞放，花开不断，引观赏者去辨别，也是别有一番情趣的。

在全世界，玫瑰花作为切花栽植或用于芳香油生产，都有广阔的市场，我国还只是一个起步。玫瑰的国际香型，以花瓣、花蕾为原料开发的产品有玫瑰精油、玫玫浸膏、净油、玫玫糖、玫瑰干花等都是极为名贵的天然产品，用作高级香水、医药、食品、化妆品、香精、香料及工艺品。

 丁香

植物学特性与栽培技术

丁香为木犀科丁香属落叶灌木。株高3～5米，树皮灰褐色，幼茎粗壮，光滑无色；叶对生全缘，卵圆形或肾形。花两性，为顶生或腋生密集成圆锥花序，单花细小，花萼钟状丁形而得丁香名。花单瓣或重瓣，花冠白色或紫色，雄蕊2，子房2室。4～5月开花，9～10月蒴果成熟，扁平状，每室有带翅种子2枚。丁香原产欧洲及亚洲温带地区，世界上丁香品种约28种，我国有23种，主要分布在华北、东北、西北、西南及长江流域。常见品种及变种有：白丁香、紫丁香、佛手丁香、北京丁香、云南丁香、四川丁香、关东丁香、小叶丁香、羽叶丁香、红丁香、盛丁香、花叶丁香。广义的丁香是指丁香属中的所有种类，狭义的丁香主要指广泛栽培的华北紫丁香及变种的丁香（*S.oblata* var. *attinis*）。

丁香喜光耐寒，对土壤选择不严，容易栽培。在肥沃，湿润而排水良好的土壤和向阳坡地生长健壮，萌发性强，枝叶茂盛。丁香不耐高温高湿，南方栽种生长不甚良好，所以它未能普遍栽种，而且忌积涝，不宜在低洼处栽种。

丁香可用播种、嫁接、扦插、分株等方法繁殖。丁香成丛后，可进行早春分株，成长快。扦插在春夏均可，夏季嫩枝切段长10厘米左右，插于苗床，成活率高。嫁接宜在早春萌芽前进行，砧木用同属丁香、女贞或水蜡树，嫁接后的砧木萌芽应及时抹去。丁香种子夏季成熟，7～8月采收，日晒果裂，取种子播种或室内贮存至翌年春播萌发。苗圃培育苗木需3～4年后定植，定植坑要施有机肥及磷肥，以利促进生长。

为使丁香保持树姿美观，枝叶茂密，多开花，需要进行修枝和肥水管理。在北方春季开花期土壤缺水应予浇水以保持花色与持久。开花后夏季要作一次修剪，将残花与梗一起剪去，剔除病枯枝及某些侧枝，使树形整齐，通风透光。与此同时，每年在夏秋施以一次基肥和适量N、P、K复合肥补充养分，有利于植株健壮生长。

观赏与应用

丁香是我国名贵花木，也是世界性名花。丁香因具有独特的芳香，硕大繁茂之花序，是由无数小米粒大小的小花组成，姿态优雅而秀丽，久负盛名，已成为国内外园林中不可缺少的花木。它可丛植于路边，草坪或向阳坡地或与其他花木搭配栽植于林缘，也可植在庭前，窗外空地，再有布置成丁香园都是赏心悦目的。

丁香在我国早有栽植和文化传说，丁香视为爱情与幸福的象征。唐代李商隐有诗云："芭蕉不展丁香结，同向春风各自愁"，借丁香花寄托青年男女恋情。然而，陆龟蒙的"殷勤解却丁香结，纵放繁枝散诞春"之句，却成了非常有趣的两种对白。

在西方，丁香花拥有"天国之花"的荣誉，也是因为它丰腴的花序和高贵的香气才配得上这样的称号；在法国人的眼里，该花象征着年青人纯真无邪，初恋与谦逊！

丁香耐旱、耐寒，适于北方栽植。紫丁香（S. oblata）又名华北丁香，枝叶茂盛，花色艳丽，香气袭人，在我国华北地区是一种广为栽种的园林花卉。另有变种的白丁香（S. oblata var. alaba），花白色香气浓，亦广泛栽植，紫、白丁香相映甚为美丽。笔者记得当年北京大学燕园老图书馆和生物楼门前两侧窗下，就植有几株丁香，每逢春天开着繁茂的白花，香气四溢，令人难忘。

 # 茉莉

植物学特性与栽培技术

茉莉为木犀科茉莉花属常绿小灌木。株高约 1 米，枝条细长，叶互生，光亮卵形，聚伞花序顶生或腋生，花白色有香气。花期 5～10 月，自初夏到秋，花开不绝，果实浆果状。茉莉花原产于波斯湾沿岸的阿拉伯地区和印度及我国西部，据知早在汉代就有外来种引人我国栽种培育，现广泛植栽于南方各省，以福建、广东、江苏、浙江、四川为盛产之地。目前我国主要栽培品种有广东茉莉、金华茉莉和宝珠茉莉 3 种。广东茉莉，枝条直立，坚实粗壮，花头大，花瓣 2～3 层或更多，花香清淡。金华茉莉，枝条细长，蔓生状，花单瓣多数，花蕾较尖，香气比重瓣茉莉浓郁。宝珠茉莉是茉莉花中的珍品，花重瓣不见雄蕊，枝条细柔，花蕾如珠，花开如小荷；香气特浓。

茉莉喜温暖湿润和阳光充足环境，较耐阴而不耐寒。在江浙一带冬季温度低于3℃时要移入室内向阳处，露天枝叶易遭冻害直至枯死。茉莉种植土壤要求不高，一般田园土均可，但土壤以含有大量腐殖质微酸性沙质壤土最适合。

茉莉花的主要繁殖方法是采用枝条扦插繁殖。在4~10月，选成熟的一年生枝条切段约10厘米带2~3节芽，去除下部叶片，留上端一对叶片，插入砂床中或砂盆中。适当遮阳，以减少直射光照而保持湿度，插条很快形成愈伤组织，40~50天生根成苗，成活率高。次年扦插苗出现分枝，开花，移入盆内就可销售市场。压条繁殖，选用较长的枝条，在节下部轻轻刻伤，埋入盛沙泥的小盆，经常保湿，20~30天开始生根，2个月后可与母株割离成苗，另行栽植。

盆栽茉莉谷雨前后出温室，此时结合换盆，进行修剪整形。茉莉喜光，长期放置荫处易使叶片变薄，节间变长，开花少。生长期内持续施有机液肥，同时辅以磷、钾肥。花谢或采摘之后，应及时避免盆土变碱，宜15天左右施一次0.2％硫酸亚铁水，以保证叶片浓绿不变黄，变薄。盆内积水，易导致植株烂根引起叶片黄化。霜降前后，移入室内，茉莉畏寒，其最适温为25~35℃，长时间在5℃环境，叶片易脱落，3℃枝条也渐干枯。冬季浇水原则，盆土应半干半湿，过湿，植株易烂根。其摆放位置应阳光充足，通风良好，但切忌冷风直吹，否则叶片易受寒脱落。若要使茉莉冬季开花，室温应控制在25~30℃。

观赏与应用

茉莉枝叶素荣，体态娇小秀美而花香洁白，它不仅国人喜爱，而且也深受世界各国人民喜欢而栽种。如希腊雅典有茉莉花城之称，泰国人把茉莉花视作母亲的象征；而菲律宾、印度尼西亚定为国花，美国的南卡罗来州定为州花。茉莉在佛经中称"抹丽"，有压倒群芳之意，这也显示出它在佛教中的地位。

茉莉花在我国栽培历史悠久，大概在唐宋时期，广东、福建及其苏浙皖一带已有着广泛的栽种。从种花，赏花，佩花，并由此在江苏民间产生《茉莉花》调歌舞剧："好一朵茉莉花，花开满园，香也香不过它"，曲调清逸流畅、甜润动听，歌词简洁明快，充满感情，这是何等美妙的场景啊！如今，《好一朵美丽的茉莉花》歌舞演绎表演已响彻中外，为人倾倒。

茉莉花天生丽质，花香醉人，顿觉清凉，真如宋人刘克农诗云："一卉能熏一室香，炎天犹觉玉肌凉"。据知，茉莉花驱暑之效在皇宫里都有过使用，也促进了茉莉香精之提取。江南人民喜种茉莉花，欣赏茉莉花的文化历史，也从清人陈学洙的《茉莉花》诗得到表达："山唐日日花成市，园客家家雪满口；

新浴最宜纤手摘，半开偏得美人怜。"

茉莉也是一种名贵香料，其花可提取茉莉油，是制造香精的原料，价格比黄金还贵。如今大多日用化妆品均含有茉莉花香味；其花还可熏制茶叶叫茉莉花茶。我们认为茉莉花银白如珠，花香袭人，无与伦比也。难怪宋朝诗人江奎则说："他年我若修花谱，要作人间第一香。"

石榴（石榴花）

植物学特性与栽培技术

石榴为石榴科石榴属落叶灌木或小乔木，石榴株高 2～3 米至 5～6 米，树冠不整齐，长势健壮，易生根蘖；幼枝呈四棱形、密生、顶端多为刺状。叶互生或簇生，倒卵或长披针形、全缘。花两性，一朵或数朵生枝顶或腋生，有短梗，花瓣与萼片同数而互生于萼筒内；花多红色也有白色和黄色。子房下位，上部 6 室为侧膜胎座，下部 3 室为中轴胎座。花期 5～7 月，果熟期 8～9 月，浆果近球形，果皮厚，红色或古铜色；内有种子多数，含肉质种皮酸甜可食。

石榴原产伊朗、阿富汗等中亚国家，一般认为我国石榴汉时由张骞出使西域从安石国带回种植，因果实悬垂如瘤而得名。石榴经长期的人工栽培和驯化，已出现了许多变异类型，现有 6 个变种：（1）白石榴：花大，白色。（2）红石榴（重瓣石榴）：又称四瓣石榴，花大、果也大。（3）重瓣石榴：花白色或粉红色。（4）月季石榴（四季石榴）：植株矮小，花小，果小。每年开花次数多，花期长，均以观赏为主。（5）墨石榴：枝细软，叶狭小，果紫黑色，味不佳，主要供盆栽观赏用。（6）彩花石榴（玛瑙石榴）：花杂色。

石榴性喜阳、耐寒，适应性强，平地、山坡均可栽种，以砂壤土为好，微碱性土亦能生长，不耐涝；根系发达，耐旱力强。

繁殖方法有播种、分株、压条、嫁接和扦插，以扦插为主，方便有效。扦插在春夏（3～7 月）选取 1～2 年生枝条，切段长 10～20 厘米，插入苗床，遮阴保湿，约 30～40 天很快生根成活，其嫩枝在 5～6 月间只需 20 天出现愈伤组织和不定根。扦插苗经过一年后开始移植。播种法只使用于果石榴。分株可在春季 3～4 月掘起，大植株分开定植。压条在春夏都可进行。嫁接选 3～4 年生酸石榴作砧木，在 4 月间进行切接或芽接。

石榴秋季落叶后至翌年春季萌芽前均可栽植或换盆。石榴耐旱，喜干燥的环境，浇水应掌握"干透浇透"的原则，使盆土保持"半干半湿、宁干不湿"。

在开花结果期，不能浇水过多，盆土不能过湿，否则枝条徒长，导致落花、落果、裂果现象的发生。雨季要及时排水。由于石榴枝条细密杂乱，因此需通过修剪来达到株形美观的效果。

石榴夏季要及时修剪，以改善通风透光条件，减少病虫害发生。坐果后，病害主要有白腐病、黑痘病、炭疽病。每半月左右喷一次等量式波尔多液 200 倍液，可预防多种病害发生。病害严重时可喷退菌特、代森锰锌、多菌灵等杀菌剂。防治石榴树虫害不要用氧化乐果和敌敌畏农药，因石榴树对这些农药敏感。花期不能用甲胺磷、久效磷，不仅这些农药易伤蜜蜂，影响授粉，降低坐果率，而且该两种农药国家规定不能用。

观赏与应用

石榴是西班牙的国花，西班牙国徽上绘有一个红色的石榴，视它为高贵吉祥的象征。石榴也是我国传统园林观赏树种，可作庭园点缀和制作盆景。夏日繁花似锦，鲜红似火；秋日果实累累，华贵端庄，寒冬铁干虬枝，苍劲古朴。石榴果、粒饱满、晶莹透亮，多汁味美。甜中带酸，营养丰富，是人们喜爱的时令水果。

在中华民族的古老文化中，石榴是红火、吉祥、昌盛的象征，故有"榴孕百籽，多子多福"。唐代杜牧《题山榴》云："似火山榴映小山，繁中能薄艳中闲；一朵佳人玉钗上，只疑烧却翠云鬟。"写出了石榴花开红似火的场景，却染红佳人的云鬟，甚为夸张之手法。元稹有诗云："绿叶裁烟翠，红英动日华，委作金炉焰，飘成玉砌瑕。"这恰似石榴春华秋实的美妙写照，为我们后人观赏石榴提供了更多的情趣。

然而，中国文学上有一句"拜倒在石榴裙下"的俗语，是指男性为美丽的女性所倾倒。这句俗语与杨贵妃、石榴花有关。据说杨贵妃喜爱石榴，也爱穿红色石榴裙，唐明皇经常在华清池石榴树处赏花、宴饮、歌舞而不理朝政。大臣为此干预，杨贵妃不愿再起舞，唐明皇不悦，要大臣们向杨贵妃下跪施礼。这就成为"拜倒在石榴裙下"的由来，也便成了崇拜女性的俗语。

 琼花

植物学特性与栽培技术

琼花为忍冬科荚蒾属半常绿灌木。株高 3～5 米，枝广展，树冠呈球形，叶对生，椭圆形。花大如盘，洁白如玉，聚伞花序，生于枝端，周边八朵为萼片发育的不孕花，故称聚八仙，中间为两性花，乳白色，花序大而醒目。4～5月开花，核果椭圆形，先红后黑，10～11月成熟。琼花原产我国长江流域，江苏、浙江、安徽、湖北省山区均有分布。琼花变型中有蝴蝶花（f. *keteleeri*）和大花琼花（f.*sterile*）；同属的常见种还有珊瑚树（V.*awabuki*）、香探春（V.*fragrans*）、蝴蝶树（V.*tomentosa*）。

琼花为暖温带半阴性树种，忌阳光暴晒，较耐寒，能适应一般土壤，好生于湿润肥沃土壤，长势旺盛，萌芽力、萌蘖力均强。当然，植株生长在贫瘠干燥土壤，生长势大为减弱。

琼花繁殖主要靠种子播种获得苗木，再通过嫁接加速成花植株。11月采收的果实型种子，果皮包裹坚硬，具不透水性，有休眠性。若将果皮剥去或磨损及浓硫酸处理后，经过沙藏后熟，才于翌年初夏萌发。否则，未经处理种子，萌发率低，隔年种子还会继续萌发。实生苗成花期长，一般需生长3～4年后，出圃定植，再经几年生长方能开花；若用成年有花枝的枝条嫁接，成活后，当年就能开花。嫁接方法：3月初（芽萌动前）取母树中上部枝条，剪成长约5厘米接穗，留顶芽为好，砧木为3～4年生实生苗，当侧枝高接后，应剪去主干的顶端，以加快接穗的成活与成长。琼花可扦插繁殖，选当年生枝，长7～10厘米，基部带节扦插，苗床遮荫保湿，约40～50天发根，用50毫克每千克NAA处理10小时，可提高成活率。

琼花适应性较强，沙土、黏土、一般土壤等均可栽培，用沙土栽培的苗根系发达。在生长旺季应注意薄肥勤施。如发现叶片发黄，可用1/1000的硫酸亚铁溶液喷洒叶片。琼花叶片皮毛较多，一般不易受到虫害。但下表皮的角化程度较低，有些病菌孢子在萌发时的分泌物能溶解这部分角质层，所以在梅雨季节，通常需喷些波尔多液防治。此外，因琼花角质层的折光性为中等，故暑天不宜直接接受暴晒。琼花每年宜在夏季进行一次短截修枝，防止着花部位逐年上移而造成植株的下部中空裸露。短截后往往会刺激主枝上的隐芽大量萌发而形成许多徒长枝，因此，要及时抹去一些隐芽，以修剪方式保持株型。在整枝时结合一次施肥有利于秋季新花芽分化。

观赏与应用

琼是一种美玉，琼花就是像玉一样美的花。花开时，洁白如玉，每朵花由8朵小花环拱而成，花瓣如玉蝶起舞，幽香阵阵，风姿绰约。琼花在长江流域有着广泛的栽种，但以扬州的琼花最为著名。据史载，宋代时扬州琼花最为盛行，时人韩琦赞道："惟扬一枝花，四海无同类；年年后土祠，独比琼瑶贵"。这株后土祠琼花为唐人所植，欧阳修任扬州知府时，特地在后土祠为琼花修建了"无双亭"，并题诗："曾向无双亭下醉，自知不负广陵春"，这些足以表明历代文人对名花的倾倒与赞美。据考证，目前扬州大明寺那株琼花古树，实际是聚八仙，琼花不结籽而聚八仙能结籽，实乃变异得好，使之700多年仍能繁殖后代，将芳容传下来。琼花是半耐阴植物，可植于公园林荫道旁，北坡山地，尤宜布置名胜古迹的古寺、古建筑阴凉院子内。待到春天将尽，绿叶青翠，洁白如玉聚伞花序展现，非常秀美，简直就是一种仙树，古建筑仿佛成为玉楼玉宇。盛夏之际，琼花繁茂展枝，树影婆娑，凉风习习，构成了一个清凉幽静小环境。琼花嫁接苗比较矮化，亦宜作盆景，置于庭院或室内都是十分可人的。

迎春花

植物学特性与栽培技术

迎春花属木犀科素馨属的藤状落叶灌木。由根部丛生细长条枝，无明显主枝，高2～3米，直出或成拱形，稍有四棱，姿态弯垂。复叶对生，叶柄长，小叶3枚，卵形或长椭圆状，先端急尖。花先叶开放，单生、两性，着生于叶腋，形如喇叭，花冠六裂，鲜黄色、清香。冬季落叶蔓枝光洁缀满黄灿灿的小花，如金带似的，非常醒目好看。花期2～4月，浆果紫黑色，但盆栽不结果。迎春花原产我国，广泛分布于华北、西北及西南山区，而今秦岭崖石之下武夷山沟谷之旁，可以找到野生资源。迎春花和探春（$J. floridum$）是姐妹花，与茉莉花同属。迎春花是先花后叶早开，探春是先叶后花迟开，且开花数不多。

迎春花适应性强，喜温暖湿润环境，较耐寒耐旱，但怕涝。浅根性，萌芽，萌力强，耐剪扎。

迎春花的繁殖可采用分株、压条、扦插多种方法。分株通常在春、秋季进行，但以早春花芽萌动前为好。压条或扦插，一般在花谢一周左右进行。压条时，先在埋土的枝条皮层用刀切割，便于生根。扦插可在温床进行，亦可直接在露地扦插，选择2年生健壮枝条作插穗，长度以15厘米至20厘米为宜，将1/3的枝条埋入土中，保持土壤湿润，2～3周即可生根，待幼根由白变为黄褐色时，开始移植。移苗初期需用遮阴网或苇帘遮阴5～7日，成苗率较高。

对于刚栽种或刚换盆的迎春，先浇透水，置于蔽荫处 10 天左右，再放到半阴半阳处；养护一周，然后放置阳光充足、通风良好、比较湿润的地方养护。迎春喜湿润，尤其在炎热的夏季，除每日上午浇一次水外，在下午还应适当浇水。盆栽迎春时，应在盆钵底部放几块动物蹄片作基肥。迎春花萌发力强，在生长期间要经常摘心，剪除或剪短某些枝条，才能保持树形。常用 50％辛硫磷乳油 1000 倍液喷杀蚜虫和大蓑蛾。

观赏与应用

迎春花因其早春开放而得名。它栽培历史悠久，是早为大家所熟悉的传统观赏花卉。迎春花具有枝蔓生长特点，适应性强，夏日枝叶密集茂盛，适合于庭院布局，可做花篱、绿篱或植于池畔、假山旁、马路边，而且可做成各种盆景以悬崖式、半悬崖式及吊篮式都有很强的观赏性。寒冬来临，叶片凋落留下光滑的枝蔓，待到春风带着寒意袭来时，唯有迎春花感知，露出点点金黄，如一条金腰带，报春人间。故有宋诗赞美它的迎春风格："复阑纤弱绿枝长，带雪冲黄坼嫩黄，迎得春来非自足，百花千卉共芬芳"。

迎春花还有一个别名叫"金梅"。人们认为，迎春花与傲经风雪的梅花都是给人间带来春天喜讯的花卉；花虽然小巧，但也同梅花一样不畏风寒，并因其花色金黄，故称其金梅。人们还将迎春花与梅花、水仙花、山茶花合称为"雪中四友"。这无疑也增加了岁寒赏花的情结。迎春花花语有迎春、喜庆与吉祥之意。

 ## 金银花

植物学特性与栽培技术

金银花是忍冬科忍冬属多年生半常绿缠绕性木质藤本植物。茎中空，多分枝，老枝外表棕褐色，茎皮常呈条状剥离；幼枝绿色，密生短柔毛。叶对生，卵圆形至长卵圆形，全缘，嫩叶两面有柔毛，老叶上面无毛。花成对腋生，苞片叶状，卵形，2 枚，长达 2 厘米；萼筒细长，上唇 4 浅裂，下唇不裂，稍反转；雄蕊 5，雌蕊 1，花柱棒状，与雄蕊同伸出花冠外，子房下位。花期 5～7 月，果期 7～10 月，浆果球形，黑色。气清香，味淡、微苦。金银花品种资源丰富，全国各地均有生长，主产山东、湖南、四川、河南、贵州省等，各地都有自己的栽培品种。

金银花为温带及亚热带树种，适应性很强，喜阳、耐阴，耐寒性强，也耐干旱和水湿，对土壤要求不严，酸性、盐碱地均能生长，但以湿润、肥沃的深厚沙质壤上生长最佳。根系繁密发达，萌蘖性强，茎蔓着地即能生根。

金银花种子繁殖，4月播种，将种子在35～40℃温水中浸泡24小时，取出拌2～3倍湿沙催芽，等裂口达30％左右时播种。在畦上按行距21～22厘米开沟播种，覆土1厘米，每2天喷水1次，10余日即可出苗，秋后或第二年春季移栽，每1公顷用种子15千克左右。扦插繁殖一般在雨季进行。在夏秋阴雨天气，选健壮无病虫害的1～2年生枝条截成长30～35厘米，摘去下部叶子作插条，随剪随用。在选好的土地上，按行距1.6米、株距1.5米挖穴，穴深16～18厘米，每穴5～6根插条，分散斜立着埋土内，地上露出7～10厘米左右，填土压实。

金银花生长期间一般不用浇水。如遇大干旱，则需浇水。在收花后的夏、秋、冬季均可修剪。其原则是：对枝条长的老花墩，要重剪，截长枝、疏短枝，截疏并重；对壮花墩，以轻剪为主，少疏长留。对搭支架靠缠绕生长的枝藤，应该修剪成灌木状的伞形，使之中央高，四周低，以利花丛内通风透光，减少病虫害发生，促进花丛长势良好。对未搭支架全部靠在岩石上攀援生长的枝藤，修剪时不要过分剪除，而应该多保留几根主干，任其四方伸展开花。金银花植株在整个生长期需要足够的肥料，在其开花期植株要消耗大量营养物质，采花以后必须及时追施肥料，以恢复它的正常生长。肥料的种类，可用土杂肥和化肥混合使用，施肥的数量根据花墩大小而定。一般每丛花每次施堆肥或人畜粪尿15～20千克，尿素化肥50～100克。小花墩者，施肥量可酌情减少。进入秋季以后，每丛花再施一次厩肥和草皮灰混合肥20～25千克。在离根部50～100厘米的地方开环沟施放，施肥后进行一次培土，以利肥料充分腐烂生效，促进秋梢长出。

金银花虫害主要有蚜虫、银花尺蠖、天牛等，发生时可用大功臣、艾福丁、敌百虫等高效低毒农药防治。病害主要有白粉病、炭疽病等，可用70％甲基托布津、粉锈宁等防治。

观赏与应用

金银花是著名的庭院花卉，初夏开花，花初开时为纯白色，两三天后变为黄色，清香扑鼻。盛开时，藤上花朵繁密，黄白相映，故而得名金银花。此花花叶俱美，常绿不凋，适宜于作攀附于庭园围篱、阳台、绿廊、花架、凉棚垂直绿化的材料，其柔韧的藤还能随意扎成新颖别致的造型，老茎可用为盆景制作，适于种植的地区也比较广阔，是集生态、观赏与经济价值为一体的绝佳品种。

赞赏金银花之美自古有之，盛夏在金银花棚架下乘凉，赏花闻香，趣味无穷。清代王光子《金钗股》诗写得美妙无比，诗曰："金虎胎含素，黄银端出云。参差随意染，深浅一香薰。雾鬓欹难整，烟鬟翠不分。无愧高士韵，赖有暗香闻。"一联写花含苞盛开之貌，二联写形态和香气，三联写藤蔓有如妇人的雾鬓烟鬟，四联议论归纳金银花不愧有高士风韵也，值得赏析！

金银花是一种名贵中药材，具有清热解毒的功效，中成药的"银翘解毒片"其主要药方就是金银花。在抗"非典"的治疗过程中，金银花也成为首选一味。关于金银花与治病有关的传说很多，大多是有关它的神奇治病效果，如今已得传承与发扬。金银花不仅是一种美丽的观赏之美，而且也是吉祥之花，幸福之花。

栀子花

植物学特性与栽培技术

栀子花为茜草科栀子花属常绿灌木。株高 1～3 米，枝丛生状，即小枝多发而短；叶对生或三叶轮生，有短柄，叶片革质光亮倒卵状椭圆形。花大白色，有短柄单生顶枝，花冠高脚碟状肉质，花萼裂片倒卵或披针形，花瓣六出，具浓香。花期 5～7 月，果黄色，椭圆状，有多条直棱，含许多细小种子，嵌于肉质胎座上。栀子，古名卮子，因其果实像古代盛酒具"卮"而得名。栀子花为亚热带树种，原产我国长江流域以南各省，湖南、江西、江浙一带为多，并有广泛栽植。

我国栽培栀子花已有上千年历史，故"汉有栀茜园"之说。目前，栀子花常见的变种类型有大花栀子（f. *grandiflora*），花大重瓣，花香浓郁；玉荷花（var. *fortuneana*），花较大，荷花型；水栀子（var. *radicans*）又名雀舌栀子，植株矮小，枝匍匐伸展，花小，重瓣，斑叶栀子花（var. *aureovariegata*），叶上具黄色斑纹；小叶栀子花（var. *angustiflolia*）植株矮小，侧枝平展，匍匐而生，花小，叶小，花香。

栀子花，性喜温暖潮湿，不耐寒，好阳光但又不能经受强烈阳光的照射，适宜在稍蔽荫处生活。适宜生长在疏松、肥沃、排水良好、轻黏性酸性土壤中，是典型的酸性花卉。耐半阴，怕积水，在东北、华北、西北只能作温室盆栽花卉。栀子对二氧化硫有抗性，并可吸硫净化大气，0.5 千克叶可吸硫 0.002～0.005 千克。

栀子花可用扦插、分株、播种方法繁殖。在 6～7 月间切取当年嫩枝，长约 15～20 厘米，含 2～3 节芽，剪去下部叶片，留上端 2 叶，插于砂基苗床，遮阴保湿，20 天左右生根或水插瓶中亦能生根。总之，插枝繁殖是比较容易的。分株要在春季移植，夏季遮阴保湿，有利于恢复生长，当年能开花。秋季种子成熟后采收，由于种子细小不宜层积或秋播，可干藏室内于早春时播苗圃，经低温吸胀转暖而萌发。次年实生苗可定植，第三年进入开花。

栀子花宜用含腐殖质丰富、肥沃的酸性土壤栽培，一般可选腐叶土 3 份、沙土 2 份、园土 5 份混合配制。夏季宜放在荫棚或花阴下等具有散射光的地方养护。浇水应用雨水或发酵过的淘米水；如果是自来水，要晾放 2～3 天后再使用。生长期每 7～10 天浇一次含 0.2％的硫酸亚铁（黑矾）水或施一次矾肥水（两者可相间进行），既能防止土壤碱性化，又可补充土壤中的铁质，这样不仅可防止叶片发黄，还能使叶片油绿光亮，花朵肥大。大雨后要及时倒掉盆中的积水，以防烂根。冬季放在室内在阳光处，停止施肥，维持 5℃以上的温度，但也能耐短期的 0℃的低温。栀子花花叶大枝密，一般不作特别修剪，每年 5～7 月各修剪一次，剪去顶梢，促使分枝，以形成完整树冠。成年树摘除败花，有利以后旺盛开花，延长花期。

栀子花经常容易发生叶子黄化病和叶斑病，黄化病一般施腐熟的人粪尿或饼肥防治；叶斑病用 65％代森锌可湿性粉剂 600 倍喷洒。虫害有刺蛾、介壳虫和粉虱危害，用 2.5％敌杀死乳油 3 000 倍液喷杀刺蛾，用 40％氧化乐果乳油 1 500 倍液喷杀介壳虫和粉虱。

观赏与应用

栀子花早在汉唐时已成为园林种植之名花。有唐人王建诗为证："雨里鸡鸣一两家，竹溪村路板桥斜，妇姑相唤浴蚕去，闲看中庭栀子花。"这仿佛就是写江南农村种桑养蚕，又种栀子花观景之状。在宋清时期，苏杭园林种植栀子花，有人称之为香雪或夏雪，这是因为花瓣为 6 瓣与雪花六角而得名。故有"血魂冰花凉气清，曲栏深处艳精神，一钩新月风牵影，暗送姣香入画庭"之神韵。当此夏夜凉，新月如钩，却飘来一阵栀子花香，用雪、冰、凉、清来刻划其特点，可谓欣赏之情到了极致。

栀子花原产我国中部，所以，南北各地均有栽种。从几处市花看，足以表明了这一点。栀子花在陕西汉中广为栽种，深受当地人民喜欢，还有佩带栀子花的习俗，相传与纪念诸葛亮有关。近些年来，浙江和江苏的公园、庭园广为栽种栀子花，其品种是大叶和小叶栀子花，为夏日不可多得的园林观赏花木。大叶栀子花大多孤植，而小叶栀子花则丛植与片植，它们碧叶青翠，花开洁白，不怕夏日风雨，而雨后更娇媚刚强，其花可做插花，佩带和编织花篮。

 ## 紫荆

植物学特性与栽培技术

紫荆为豆科紫荆属落叶乔木或灌木。单叶互生，全缘，叶脉掌状，有叶柄，托叶小，早落。花于老干上簇生或成总状花序，先于叶或和叶同时开放；花萼阔钟状，5齿裂，弯齿顶端钝或圆形；花两侧对称，小苞片2，花玫瑰红色或紫色，上面3片花瓣较小；雄蕊10，分离；子房有柄。荚果扁平，狭长椭圆形，沿腹缝线处有狭翅；种子扁，数颗，近黑色。花期4～5月，采种期9～10月。园艺变种有白色紫荆（f. *alba*）花白色。目前我国各地栽种的观赏紫荆还有：黄山紫荆（C. *chingii*）、岭南紫荆（C. *chuniana*）、巨紫荆、湖北紫荆、垂丝紫荆和云南紫荆等。紫荆原产于中国，在湖北西部、辽宁南部、河北、陕西、河南、甘肃、广东、云南、四川等省都有分布。

紫荆喜欢光照，有一定的耐寒性。喜肥沃、排水良好的土壤，不耐淹。萌蘖性强，耐修剪。

紫荆可用播种、分株、扦插、压条等方法繁殖，主要以播种为主。播种多春播，播前将种子低温层积处理2个月以上，播后30天可发芽，如播前用温水浸种1天，则发芽效果更好。分株多在春季萌动前进行，较易成活。但分株时，其根粗大不易挖掘，因此需注意挖掘后的剪根和剪枝，并在种植坑内施腐熟厩肥，栽好后浇足透水。压条繁殖，在整个生长季节均可进行，但要在翌年才可生根，夏秋间多发生刺蛾为害，要注意及时防治。紫荆在每年冬季落叶后的11～12月或翌年2～4月发芽前均可移栽。大的植株移栽时应带土球，以利于成活。因其根系的韧性大，不易挖断，可用锋利的铁锨将部分根系铲断，对于一些较长的枝条也要适当短截，以方便携带运输。如果花期移栽，还要摘除部分花朵，以避免消耗过多的养分，影响成活，定植时，每穴以施腐熟的堆肥为好。

紫荆耐修剪，可在冬季落叶后至春季萌芽前剪除病虫枝、交叉枝、重叠枝，以保持树形的优美。由于植株的老枝上也能开花，因此在修剪时不要将老枝剪得过多，否则势必影响开花量。紫荆的萌芽力较强，尤其是基部特别容易萌发蘖芽，应及时剪去这些萌芽，以保持树形的优美，并避免消耗过多的养分。花后如果不留种，注意摘除果荚，以免消耗过多的养分，对生长不利。

常见的病害主要是角斑病，该病主要为害叶片，病斑呈多角形，黄褐色，病斑扩展后，互相融合成大斑。感病严重时叶片上布满病斑，导致叶片枯死，脱落。防治方法：①秋季清除病落叶，集中烧毁，减少来年浸染源。②发病时喷50％多菌灵可湿性粉剂700～1 000倍液，70％代森锰锌可湿性粉剂800～1 000倍液，10天喷1次，连续喷3～4次均有良好的防治效果。

观赏与应用

紫荆是常见的园林花木，于早春先花后叶，满枝紫红艳丽，历来被广泛地栽植于庭院和园林中，与常绿树相映，更显其美。紫荆干直丛生，花似彩蝶，密密层层，满树嫣红，故有"满条红"之称。紫荆在庭院单植，姿容优美，若与连翘、海棠等搭配，满院万紫千红，更显欣欣向荣。可与绿树配植，或栽植于公园、庭院、草坪、建筑物前，观赏效果极佳。

紫荆不仅花色美丽，而且与人的亲近让它成为故园亲情的代表植物。那根植在遥远故园的紫荆牵动着游子们思念的心弦。如唐代韦应物《见紫荆花》寄语："杂英纷已积，含芳独暮春；还如故园树，忽忆故园人。"杜甫《得舍弟消息》亦云："风吹紫荆树，色与春庭暮。花落辞故枝，风回返无处。骨肉恩书重，漂泊难相遇。犹有泪成河，经天复东注。"颠沛流离中，漂泊的心中有几多牵挂。风吹紫荆，落花无数。让忧郁的诗人睹物思亲啊！应该提及，这里的紫荆与紫荆花（洋紫荆）是不同的两个种，它们都是豆科植物，却分别属于两个属，即紫荆属和红花羊蹄甲属。

紫荆对氯气有一定的抵抗性，滞尘能力强，是工厂、矿区绿化的好树种。紫荆树皮花梗还可入药，有解毒消肿之功效；种子可制农药，有驱杀害虫之功效，具有清热凉血、祛风解毒、活血通经、消肿止痛等功效。木材纹理直，结构细，可供家具、建筑等用。

 # 红花檵木

植物学特性与栽培技术

红花檵木为金缕梅科檵木属檵木的变种，属常绿灌木或小乔木，特产湖南与江西交界罗霄山脉海拔 100～400 米常绿阔叶林地带。树皮暗灰或浅灰褐色，多分枝。嫩枝红褐色，密被星状毛。叶革质互生，卵圆形或椭圆形，长 2～5 厘米，先端短尖，基部圆而偏斜，不对称，两面均有星状毛，全缘，暗红色。4～5 月开花，花期长，约 30～40 天，国庆节能再次开花。花 3～8 朵簇生在总梗上呈顶生头状花序，紫红色。红花檵木可划分为 3 大类、15 个型、41 个品种，大类有嫩叶红（4 型 9 品种）、透骨红（7 型 25 品种）、双面红（4 型 7 品种）。透骨红类品种花期最长，花型丰富，花色最艳，分枝密，易造型，可用于营造色雕、中小型灌木球。其中细叶紫红和细叶亮红两个品种特别适宜培育微型盆景和嫁接培育大型树桩；冬艳红型是惟一在冬季开花的品种。双面红类品种叶片大而红润，观赏价值很高。其中分枝适中，生长速度较快的'大叶红'、'大叶玫红'、'尖叶红'、'大叶卷瓣红' 4 个品种适宜培育大型色雕和灌木球。

红花檵木喜光，稍耐阴，但阴时叶色容易变绿。适应性强，耐旱。喜温暖，耐寒冷。萌芽力和发枝力强，耐修剪。耐瘠薄，但适宜在肥沃、湿润的微酸性土壤中生长。

红花檵木可用嫁接、扦插和播种繁殖。嫁接主要用切接和芽接 2 种方法。切接以春季发芽前进行为好，芽接则宜在 9～10 月进行。以檵木中、小型植株为砧木进行多头嫁接，加强水肥和修剪管理，1 年内可以出圃。扦插繁殖，3～9 月均可进行，选用疏松的黄土为扦插基质，确保扦插基质通气透水和较高的空气湿度，保持温暖但避免阳光直射，同时注意扦插环境通风透气。播种繁殖，春夏播种。红花檵木种子发芽率高，播种后 25 天左右发芽，1 年能长到6～20 厘米高，抽发 3～6 个枝。红花檵木实生苗新根呈红色、肉质，前期必须精细管理，直到根系木质化并变褐色时，方可粗放管理。有性繁殖因其苗期长，生长慢，且有檵木苗出现（返祖现象），一般不用于苗木生产，而用于红花檵木育种研究。

红檵木移栽前，施肥要选腐熟有机肥为主的基肥，结合撒施或穴施复合肥，注意充分拌匀，以免伤根。生长季节用中性叶面肥 800～1 000 倍稀释液进行叶面追肥，每月喷 2～3 次，以促进新梢生长。南方梅雨季节，应注意保持排水良好，高温干旱季节，应保证早、晚各浇水 1 次，中午结合喷水降温；北方地区因土壤、空气干燥，必须及时浇水，保持土壤湿润，秋冬及早春注意喷水，保持叶面清洁、湿润。选择阳光充足的环境栽培，或对配置在红花檵木东南方向及上方的植物进行疏剪，让其在充足阳光下健康生长，使花色、叶色更加艳丽，从而增强观赏性。红花檵木具有萌发力强、耐修剪的特点，在早春、初秋等生长季节进行轻、中度修剪，配合正常水肥管理，约 1 个月后即可开花，且花期集中，这一方法可以促发新枝、新叶，使树姿更美观，延长叶片红色期，并可促控花期，尤其适用于红花檵木盆景参加花卉展览会、交易会，能增强展览效果，促进产品销售。生长季节中，摘去红花檵木的成熟叶片及枝梢，经过正常管理 10 天左右即可再抽出嫩梢，长出鲜红的新叶。

红花檵木常受蜡蝉和天牛危害。蜡蝉防治方法有：①40％氧化乐果乳油或 80％敌敌畏乳油 1 000 倍液在为害期间喷洒。②入冬后，彻底清除周围的杂草及落叶，集中烧毁，消灭越冬害虫。③结合修剪，剪除被害枝叶并及时烧毁，以减少虫源。④保护好蜡蝉的天敌，如鸟类、瓢虫、寄生蜂等。天牛食性杂，成虫啃食红花檵木枝干嫩皮，幼虫蛀食树干，多从树干基部蛀入，被害枝干形成孔洞，坑道内充满木屑虫粪。一般采取人工捕捉成虫和钩杀幼虫防治。

观赏与应用

红花檵木，枝叶茂盛，容易繁殖。现在杭州城市公园、居住小区以及公路两旁花坛，广种红花檵木。有的孤植修剪成伞形树冠或球形状，因经常轻剪，致使红色的新枝叶不断出现，所以，非常好看。有的片植的幼树，终年发出新枝，紫绿、红叶交辉，每逢 4～5 月春夏之交，万花已调，而红花檵木如一片织锦，一片绯红，才真叫美。红花檵木在笔者校园住宅区亦有种植，不管那种式样，只要经常修剪之，就会不断地出现新嫩的紫红叶，甚至花朵。红花檵木扦插苗 3 年生后就已长大，可剪短上盆，由于它繁殖力较强，耐修剪，管理方便，因此也是制作盆景的好材料。

 # 黄刺玫

植物学特性与栽培技术

黄刺玫为蔷薇科蔷薇属落叶直立灌木，高 2～3 米；小枝无毛，有散生皮刺。小叶 7～13，连叶柄长 3～5 厘米；小叶片宽卵形或近圆形，稀椭圆形，边缘有圆钝锯齿，上面无毛，幼嫩时下面有稀疏柔毛，逐渐脱落；叶轴、叶柄有稀疏柔毛和小皮刺：托叶条状披针形，大部分贴生于叶柄，离生部分呈耳状，边缘有锯齿和腺毛。花单生于叶腋，单瓣或重瓣，无苞片，花梗无毛，长 1～1.5 厘米；萼筒、萼片外面无毛，萼片披针形，全缘，内面有稀疏柔毛；花瓣黄色，宽倒卵形；花柱离生，有长柔毛，比雄蕊短很多。蔷薇果近球形或倒卵形，紫褐色或黑褐色，直径8～10毫米，无毛，萼片于花后反折。花期4～6月；果期7～9月。

黄刺玫喜光，稍耐阴，耐寒力强。对土壤要求不严，耐干旱和瘠薄，在盐碱土中也能生长，以疏松、肥沃土地为佳。不耐水涝，少病虫害。

黄刺玫繁殖主要用分株法。因黄刺玫分蘖力强，重瓣种又一般不结果，分株繁殖方法简单、迅速、成活率又高。对单瓣种也可用播种。部分品种也可用嫁接、扦插、压条法繁殖。分株繁殖，一般在春季3月下旬芽萌动之前进行。将整个株丛全部挖出，分成几份，每一份至少要带1～2个枝条和部分根系，然后重新分别栽植，栽后灌透水。嫁接，采用易生根的野刺玫作砧木，黄刺玫当年生枝作接穗，于12月至来年1月上旬嫁接。砧木长度15厘米左右，取黄刺玫芽，带少许木质部，砧木上端带木质切下后，把黄刺玫芽靠上后用塑料膜绑紧，按50株1捆，沾泥浆湿沙贮藏，促进愈合生根。3月中旬后分栽育苗，株行距20厘米×40厘米，成活率在40%左右。扦插，雨季剪取当年生木质化枝条，插穗长10～15厘米，留2～3枚叶片，插入沙中1～2厘米，株行距5厘米×7厘米。分株在早春萌芽时进行。压条，7月份将嫩枝压入土中。

栽植黄刺玫一般在3月下旬至4月初。需带土球栽植，栽植时，穴内施1～2铁锹腐熟的堆肥作基肥，栽后重剪，浇透水，隔3天左右再浇1次，便可成活。成活后一般不需再施肥，但为了使其枝繁叶茂，可隔年在花后施1次追肥。日常管理中应视干旱情况及时浇水，以免因过分干旱缺水引起萎蔫，甚至死亡。雨季要注意排水防涝，霜冻前灌1次防冻水。花后要进行修剪，去掉残花及枯枝，以减少养分消耗。落叶后或萌芽前结合分株进行修剪，剪除老枝、枯枝及过密细弱枝，使其生长旺盛。对1～2年生枝应尽量少短剪，以免减少花数。黄刺玫栽培容易，管理粗放，病虫害少。

黄刺玫病虫害较少，常见的有白粉病，该病为真菌病害，由毡毛单囊壳引起，其无性态为白尘粉孢。此病在广东等地及温室栽培周年发病。预防方法：①展叶前喷波美度2～3次石硫合剂杀灭越冬菌源。②枝条密时采用压枝技术，露地栽培可合理修剪。③适量增施磷钾肥、钙肥和氮肥。④温室及时通风除湿，上午浇水或使用微型滴灌。

观赏与应用

黄刺玫是北方春末夏初的重要观赏花木，开花时一片金黄，因而又名黄蔷薇，亦指这种植物的花，鲜艳夺目，且花期较长。适合庭园观赏，丛植，花篱。花可提取芳香油。果实可食、制果酱。花、果可药用，能理气活血、调经健脾。也可做保持水土及园林绿化树种。

瑞香

植物学特性与栽培技术

瑞香为瑞香科瑞香属常绿灌木。株高 1～2 米，丛生；茎光滑，小枝带紫色；单叶互生，长椭圆形或披针形，革质，全缘无毛。两性花密生成簇，头状花序顶生，无花冠，萼筒花冠状，花白色或紫色，有芳香。花期 2～4 月，核果肉质、卵形，紫红色。瑞香原产我国，江西、湖北、湖南、广东、广西、浙江、云南、四川、甘肃省都有分布，多生于山坡林下。据《本草纲目》载，瑞香在宋朝时已有栽培，始著名，旧时名叫露甲。目前主要栽培品种及变种有：毛瑞香（'Atrocaulis'），花白色，花被外侧密生黄色绢状色。金边瑞香（var. aureo），叶缘金黄色，花外面紫红色，内面粉白色，为瑞香之佳品。蔷薇红瑞香（'Rosacoa'）花淡红色；此外，同属的有光瓣瑞香（D. acutilobea），花白色；橙黄瑞香（D. aurantiacal），花橙黄色，有芳香；白瑞香（D. papyracea），花簇生，白色；黄瑞香（D. giraldii），小灌木开黄花；凹叶瑞香（D. retusa），花淡紫色；甘肃瑞香（D. tangutica），花淡紫红色，有芳香。

瑞香喜温暖湿润、凉爽的气候环境，耐阴性强，惧烈日，耐寒性差，根肉质，喜腐殖质多，排水良好的酸性土壤。

瑞香一般用扦插法繁殖，只要有良好的苗圃，瑞香切枝一年四季均可扦插。春插在早春花后，剪下 10 厘米长的带叶的一年生枝条，插于温棚苗床中 40 多天生根成活。夏季在 6～7 月取当年生嫩枝，切段含 2～3 个节芽，去下部叶，留上端叶 2 片或切半以减少蒸发，适当遮荫保湿，50～60 天发根成苗。秋冬季可在 9～10 月切枝在温棚苗床中进行。此时一年生枝比较健壮，积累光合产物，秋季温棚温度适于伤口愈合，而后少发根而停止生长可以度过冬季，明春生根发芽，成活率高。另外，高空压条可在春夏季间进行。选 2 年生枝条，作环状剥皮，刀口宽约 2 厘米，伤口稍干后，用塑料袋或竹筒将枝条套入，内衬苔藓，保持湿润，约 100 天后生根，即可从母树剪下盆栽。

瑞香露地栽培比较粗放，天气过旱时才浇水；越冬前在株丛周围施些腐熟的厩肥。盆栽的瑞香，应保持盆土半干半湿，在春、秋两季各施一次肥料。春季在萌芽抽梢期，用30％腐熟的豆饼和鸡粪混合液肥；秋季在9月下旬，肥料浓度宜淡。施肥的时间要选在有阳光的晴天，上午10点前为好。施肥当天下午5点以后要对叶面喷一次水。水不能用新放出来的自来水，最好是经阳光晒过的，或是室内存一天的水，水温不能低于室内温度。不要将肥液洒在叶面上，如洒在叶面上要立即用喷壶水冲掉。注意在盆土过湿和气温过高或过低时不宜施肥。初夏开始，盆栽的瑞香就应放置于树荫下或荫棚里，避免强光照射。株盆忌直接放在地上，以免花的香气招引蚂蚁和蚯蚓。瑞香较耐修剪，一般在发芽前可将密生的小枝修剪掉，留出一定的空隙，以利通风透光。瑞香宜在花后进行整形修剪，剪短开过花的枝条，剪除徒长枝、重叠枝、过密枝、交叉枝以及影响树型美观的其他枝条，以保持优美的造型。瑞香应每隔2～3年翻盆换土一次，一般在花谢后进行，秋季也可。翻盆时剔除2/3旧土，适当修去一些过长的须根，可结合翻盆，适当提根。3月底清明节前，瑞香可以出室，但是要防止大风吹、猛雨淋，以免瑞香新发的嫩芽受到伤害。到4月底慢慢缩短光照时间。6月中旬到9月中旬可以全日不受光照。因到夏季瑞香基本上停止生长，进入了半休眠状态。在这个时期防止淋暴雨，严禁施肥，并给它营造一个凉爽通风的好环境，减少浇水量。瑞香越夏后到9月底至10月初可见些早晨的阳光，2～3小时为好，以后可以慢慢延长光照时间，10月底就可以全天光照了。根据各地气候不同情况，在10月或11月初瑞香就要入室了，入室后放在光照时间长的位置。到11月中旬和12月上旬、下旬各施一次薄肥液，因瑞香的花蕾生长较慢，肥不能施太勤、太多、太浓，但也不能不施肥。

　　瑞香出了落叶等毛病一时难以发现，其革质叶片仍在鲜艳翠绿的情况下，便会出现叶片全部落光的状态。对已落叶的植株，要及时地从花盆中脱出来，用清水冲洗干净，把伤根和烂根全部剪掉，然后用中粒河砂再栽到花盆中去，放置在通风良好的蔽荫处。经常用细眼喷壶或喷雾器喷洒植株和花盆，并保持周围环境湿润。待一个多月后便会从枝干上萌发出很不舒展的小叶片，此时可把植株再移到散射光条件下，植株便会进行较弱的光合作用，产生多种有机物质，供植株本身新陈代谢之用，促使植株恢复正常生长。当病株已萌发出新根后，再重新移栽到疏松及排水良好、pH值在5.5～6.5的土壤中去。

观赏与应用

　　瑞香是我国传统名花，集醉人之香，繁艳之花，常青之叶于一身，观赏价值高。据说古时庐山一和尚某天在盘石山午睡，梦中闻到一股奇香，醒来在山上找到此花，命名为睡香。因来源有了这异香之花，前来朝拜的人越来越多，众人都认为此花是佛祖所赐，又在春节前后盛开，乃是一年的祥瑞之兆，因此又被称为"瑞香"。由此，历代文人对它雅爱有加，留下了不少赞美之诗。苏东坡称它："幽香洁浅紫，来自孤之岑。"范成大的《瑞香花》诗："万粒丛芳破雪残，曲房深院闭春意"之景，表达了瑞香斗雪开放的精神，却换来瑞气盈门，吉祥如意之貌，使她成为英雄城市南昌市花和瑞金市花。

瑞香可作盆景，枝干婆娑，碧叶滴翠，一番扎枝造型，又较耐荫，置于室内，十分可观，或植于公园、山寺、庭院林荫道旁、山坡阴坡配以玲珑湖石，可营造出阴凉的小环境，十分优雅。平时可观树形，春天繁花盛开，幽香四溢，可品味"江南一梦天下香"的神韵。

朱槿（扶桑）

植物学特性与栽培技术

朱槿是一种属于锦葵科木槿属的常绿灌木，又名中国蔷薇，为著名观赏植物。高约1～3米；小枝圆柱形，疏被星状柔毛。叶阔卵形或狭卵形，长4～9厘米，宽2～5厘米，先端渐尖，基部圆形或楔形，边缘具粗齿或缺刻。花单生于上部叶腋，常下垂，近端有节；花冠漏斗形，直径6～10厘米，花瓣倒卵形，先端圆，外面疏被柔毛；雄蕊柱长4～8厘米，平滑无毛；花柱5。蒴果卵形，长约2.5厘米，平滑无毛，有喙。花期全年，花色有红、橙、黄、桃红、橙黄、朱红、粉红、白等。据一些学者考证，朱槿原本的花色为红色，其他颜色是改良出来的，有些改良成一花多色。终年开花，夏秋最盛，单朵花通常开一天后就凋谢，有些改良的品种可开两天左右。扶桑品种繁多，全球目前有3 000种以上，较为常见的品种有美丽美利坚、黄油球、蝴蝶、金色加州、快乐、锦叶、波希米亚之冠、金尘、呼拉圈少女、砖红、纯黄扶桑、马坦、雾、主席、红龙、玫瑰、日落、斗牛士、火神、白翼等。

扶桑系强阳性植物，性喜温暖、湿润，要求日光充足，不耐阴，不耐寒、旱，在长江流域及以北地区，只能盆栽，在温室或其他保护地保持12～15℃气温越冬。室温低于5℃，叶片转黄脱落，低于0℃，即遭冻害。耐修剪，发枝力强。对土壤的适应范围较广，但以富含有机质，pH6.5～7的微酸性壤土生长较好。

扶桑常用扦插和嫁接繁殖。扦插，除冬季以外均可进行，但以梅雨季节成活率高。插条以一年生半木质化的最好，长 10 厘米，留顶端叶片，切口要平，插于沙床，插后约 3 周生根。嫁接，多用于扦插困难的重瓣花品种，枝接或芽接均可，砧木用单瓣花扶桑。

盆栽扶桑，一般于 4 月出房，出房前换盆，适当整形修剪，以保持优美的树冠，生长期浇水要充足，不能缺水，也不能受涝，通常每天浇水一次，伏天可早晚各一次。地面经常洒水，以增湿降温，防止嫩叶枯焦和花朵早落。进入 10 月天凉后，移入温室，温度保持在 12℃以上，并控制浇水，停止施肥。此时应特别注意，若栽培场所通风不良，光照不足，常发生蚜虫、介壳虫、烟煤病等，应注意改善环境条件和选择合适农药喷洒防治。为了保持树形优美，着花量多，根据扶桑发枝萌蘖能力强的特性，可于早春出房前后进行修剪整形，各枝除基部留 2～3 芽外，上部全部剪截，修剪可促发新枝，长势将更旺盛，株形也更美观。修剪后，因地上部分消耗减少，要适当节制水肥。

观赏与应用

朱槿在古代就是一种受欢迎的观赏性植物，原产地中国。在西晋时期的一本著作《南方草木状》中就已出现朱槿的记载。现在全世界，尤其是热带及亚热带地区多有种植。朱槿花色鲜艳，花大形美，品种繁多，是著名的观赏花木。单花腋生，多用来美化篱笆或庭园。扶桑鲜艳夺目的花朵，朝开暮萎，姹紫嫣红，在南方多散植于池畔、亭前、道旁和墙边，盆栽扶桑适用于客厅和入口处摆设。

同时，朱槿的叶有营养价值，在西方，其嫩叶被当成菠菜的代替品。而朱槿花也有被制成腌菜，以及用于染色蜜饯和其他食物。根部也可食用，但因为纤维多且带粘液，较少人食用。朱槿的花在花季时采，采后去泥土杂质，可晒干备用或用鲜品，花含棉花素、槲皮苷、山奈醇、醋类、矢车菊葡萄糖苷、秸液质、维生素。通常作汤剂或炖剂。外用可以鲜花捣烂敷患部。由于朱槿树干含水量极低，而且在太平洋诸岛屿上大量存在，可用作取火材料。另外，茎皮纤维可搓绳索、织麻袋、造粗布、网及纸张，用途十分广泛。

 蜡梅

植物学特性与栽培技术

蜡梅为蜡梅科蜡梅属落叶大灌木，高达 3～5 米，小枝呈四棱形，老枝近圆柱形;叶对生,长椭圆形,新叶光亮,老叶粗糙。花单生于枝条两侧,冬季落叶后开花,花期 11～12 月。花有芳香,花被多数,黄色有光泽,似蜡质,最外层为细小鳞片组成,起保护作用。蜡梅花子房由几个离生心皮组成,着生在一个中空的花托内,果熟时花托发育成蒴果,上部收缩,内含多粒种子,棕色如赤豆。

蜡梅是我国传统名花。早在唐代以前,常与梅花一起栽种作为观赏名贵花木。蜡梅因花瓣黄色似蜡质而得名,且因隆冬腊月开放,又唤作腊梅,现按植物学准则定名为蜡梅。我国文学诗画上所表达的梅花则包括蜡梅与梅,其实,这两者完全不同,梅是属于蔷薇科李属植物。蜡梅属植物有 6 种,均原产我国,主要分布在陕西秦岭、湖北西部山区一带,而今湖北神农架林区发现了面积达四千亩的野生蜡梅,这是很珍贵的野生种质资源。另外的种类有山蜡梅 (*C. nitens*)、柳叶梅 (*C. salicifolius*)、西南蜡梅 (*C. companulatus*)、突托蜡梅 (*C. gramonatus*) 和浙江蜡梅 (*C. zhejiangensis*) 等。栽培分布范围较广,其华北、华南均有栽种,但以长江流域最多。蜡梅在我国久经栽培,变种或品种不少,如磬口蜡梅 (var. *grandiflora*)、素心蜡梅 (var. *concolor*)、小花蜡梅 (var. *pariflora*)、荷花蜡梅 (var. *grandiflorus*) 等都可作为观赏栽种,尤以磬口、素心为上,花大而香。

蜡梅喜光照,亦耐半阴,较耐寒、耐旱,适应性广。好生于土层深厚、肥沃、疏松、排水良好的微酸性沙质壤土上,在盐碱土中生长不良。不适合种植在过于温暖的地区,因为花开对气温的要求是 0～－10℃ 的气温持续至少5 天。

蜡梅树体生长势强,分枝旺盛,根颈部易生萌蘗,耐修剪,耐整形。蜡梅常用播种、分株、嫁接方法繁殖,也可用压条、扦插、组织培养等方法。大量繁殖苗木应采用播种法,当果实在 6～7 月成熟后采收,种子浅休眠,宜带果干藏后秋播;有部分秋季萌发,大多明春萌发。生长良好的实生苗 4～5 年开花,2 年生作砧木用来嫁接优良的接穗及培育成早开的矮化株蜡梅,可制作盆景。蜡梅分株宜在冬季进行。嫁接中的切接和腹接要在 3 月叶芽萌动时进行,靠接在春夏都可操作,芽接在 7～8 月间成活率高。

蜡梅较耐旱,有"旱不死的蜡梅"之称,但也不可过旱。平时盆土可略带干些,浇水要"半干半湿",不浇则已,浇则浇透。伏天是花芽形成期,不可缺水,应早晚各浇一次水,秋后落叶时,盆土可偏干些,每隔 5～7 天浇一次水。蜡梅好肥,在 4～6 月花芽形成前期宜隔 10 天施一次饼肥水。6 月底至入伏前,每周追施一次氮磷相结合的稀薄肥水,促使花芽形成。伏天追施 1～2

次，肥宜薄。秋后再施1次即可。换盆时可在盆底施足基肥如骨粉、豆饼等。要使蜡梅连年枝繁花茂，修剪和摘芽极为重要。修剪一般在3～6月间，8月后停止。每年开花后应随即将老的花枝截短，每枝最长只留15～20厘米。待新枝长出2～3对芽之后，就摘去顶芽，不久又长出旁枝，待长至10厘米后，再摘芽一次，如此反复数次，直至花芽基本形成。还要疏剪各种影响树形美观的交叉枝、平行枝、重叠枝、对生枝、徒长枝以及过密、瘦弱的枝条。花谚有"蜡梅不缺枝"之说，故蜡梅可重剪。蜡梅盆景宜隔1～2年翻一次盆，时间以冬末春初花谢后为好。翻盆前可先摘去已萌发的芽，约经5天后，隐芽萌动膨大时再移植。翻盆时去掉旧土，剪去烂根、枯根，修除过长的老根。换以冻酥的塘泥土或富含腐殖质的腐叶土，掺拌适量的砻糠灰和沙土。

在蜡梅栽植过程中可能会遇到病虫害。蜡梅的抗病虫性较强，偶有刺蛾、大蓑蛾、蚜虫、介壳虫等虫害，可用80％敌敌畏1 500倍液或90％晶体敌百虫1 000～1 500倍液喷洒防治。

观赏与应用

蜡梅是有中国特色的花卉，广泛应用于园林中，既可布置大面积的蜡梅林，又常以数株配置在厅堂入口两侧、窗前屋后、墙隅、山丘、古寺内以及广场草坪与湖边等处都很相宜。在江南地域，正值寒冬时节，百花枯萎，却惟见蜡梅傲霜斗雪，暗香浮动，给人以一种不怕严寒的奋斗精神，这也赢得了多少诗人的赞赏。

蜡梅花香胜于梅花，所以，陆游诗云："与梅同谱又同时，我为评香似更奇。"杨万里咏《蜡梅》："天向梅梢别出奇，国香未许世人知；殷勤滴蜡缄封印，偷被霜风拆一枝"。据说在宋之前，蜡梅名不见经传，后来，经苏东坡、杨万里等人题咏才有此名。好一个滴蜡缄封，风霜偷拆才得香气，妙不可言。

赏梅遇雪天则有另一番好景，正如宋人卢梅坡的《雪梅》诗云："雪梅争春未肯降，骚人搁笔费评章；梅须逊雪三分白，雪却输梅一段香"。赏梅各人有各自的感受，大多从表面上，总离不开花枝俏，而花香雅人，也连想到"俏也不争春，只把春来报"的品格。请允许笔者在梅文化上将梅花与蜡梅两者混淆在一起评说。目前，全国蜡梅主要产地有河南安阳、鄢陵，江苏镇江、扬州，但大多城市公园有种梅花的地方也会有蜡梅出现，蜡梅为冬季花而梅花为早春花。据知，鄢陵蜡梅早在宋代已有栽培，而明清时期培育品种最佳，故有"鄢陵蜡梅冠天下"之说。

叶子花（三角梅）

植物学特性与栽培技术

叶子花为紫茉莉科叶子花属常绿藤本或小灌木，有刺，侧枝粗壮，叶互生，叶质薄有光泽，卵形或心脏形。花冠小，半合生，淡红或黄色，但3枚大苞片被误为花瓣，形状似叶，长约3厘米，呈洋红，橙黄及紫色构成了鲜艳多姿的花朵，故叫叶子花。花期春夏，在热带地区冬季亦开。叶子花原产南美洲巴西，早在1799年为法国植物学家发现并定名，1872年引种传入台湾，后传入广东、广西、云南、福建等地，现在叶子花在南方亚热带地区广有栽种，而其他地区盆栽或温室栽种。最常见的栽培品种有美丽叶子花（*B. spestabilis*）、洋红叶子花（var. *crimson*）、金宝巾（*B. buttiana* 'GotdenGlous'）、蓝宝巾（*B. glanra* 'CypHeri'）、玫瑰宝巾（var. *sanderiana*）等。

叶子花喜温暖湿润，阳光充足的环境，不耐寒，我国除华南、台湾、云南、福建某些地区可露地栽种越冬外，其他地区都需要盆栽或温室栽培，5℃以上才能安全越冬，土壤以排水良好的砂质壤土最适宜。

繁殖以扦插为主，在春夏时，剪去成熟的1～2年的生枝条长约20厘米，插入砂床或砂盆中，遮阴，保湿，在15～25℃下一个月左右生根，经2年培育，可以开花，花期长达3～4个月。在我国南亚热带地区，扦插苗容易成活，定植在所需的园子里，有的品种灌木状可以片植；有的藤本状则需搭架或依墙爬高，几年之后，无需多管理；枝叶茂盛，年年花开不败。

叶子花属短日照植物，在长日照的条件下不能分化花芽。北方盆栽叶子花，盆土以松软肥沃土壤为宜，喜大水、大肥、极不耐旱。生长期水分供应不足，易出现落叶。叶子花新栽小苗长出5～6片叶时，要及时摘去顶芽，保留下部的3～4片叶；新抽枝条长出5～6片叶时，进行第二次摘心（即摘去顶芽），如此反复几次，可形成丰满的树冠。已开花的大植株，一年可进行2次修剪，第一次结合早春换盆，从基部剪去过密枝、纤细枝、病虫枝，同时缩剪徒长枝，对保留的枝条也要进行短截。第二次在花谢后，酌情疏枝、剪去枯枝、弱枝、内堂枝，保留的枝条在30厘米处截去顶梢，同时将所有的侧枝剪短，促使多发新枝，形成更多的花芽。生长衰弱的大龄老株，可行重剪，即每个大枝仅保留基部的2～3个芽，其余全数剪去，促成植株更新复壮。

叶子花栽植过程中有时会出现哑蕾现象和时间错位等问题。植株所生长出的花蕾无法正常开放的现象称为哑蕾现象。在很多情况下植株哑蕾往往是由于在短期内受到干旱的植株浇水过多所致。因此，叶子花在控水控花时切记制水后要逐步增加水量。时间错位指要控的叶子花花期提前或后延。花期提前可以通过停止追肥、进行遮光、降低环境温度等措施来缓解花朵的开放。花期后延比较麻烦，已经接近预定花期时，凭借常规的管理无法扭转这种局面，因此应该在预定花期的数周前就采取相应的措施，以使植株正常生长发育，确保花朵如期开放。为了确保观赏植物能够在预定的时间开放，可以通过增施追肥，特别是采取叶面施肥的方法来进行催花。采用较多的方法是间隔数天为植株喷施一次磷酸二氢钾（浓度为 0.2%～0.5%）催花药剂。通过这种方法处理，再适当增加光照对于促使花蕾迅速膨大、正常开放颇为有效。对于设施栽培，还可提高叶子花设施内的温度，对于绝大多数观赏植物来说，提高环境温度能够有效地促使花朵迅速开放。叶子花落地栽植后，常会因过度修剪及难以控水造成其花难以正常开放。因此，需在开花前进行间断制水，如若要国庆开花，则应在 7 月下旬选择健壮成年植株，根据天气阴晴、空气干湿情况进行间断扣水促花，连续 10～12 天不浇水，当土壤干燥发白时，枝条失水微垂、叶片枯黄时浇点水，再继续扣水，这样反复 2～3 次，使它的顶端生长停顿，养分集中，促进花芽分化，当枝梢顶部出现红晕时，再浇透水，每隔两周施过磷酸钙一次，40～50 天即可进入盛花期。

观赏与应用

叶子花主要观其花瓣状的美丽大型苞片即花。在我国广东、海南、云南、福建、广西省的南亚热带地区，气候温暖、多雨，叶子花生长旺盛，花期长，宜于公园、庭院栽种。无论是片植或孤植搭架攀悬，在春天大半年时光，姹紫嫣红的花簇成片地展现，非常大气，给人热烈奔放的感受。所以，叶子花深受南方人民的喜欢。笔者曾在中科院西双版纳热带植物园工作多年，居家门前种过一株叶子花，谁料 1996 年 3 月故地重游，看到了这株叶子花长高长大了，以绯红的成片花朵迎接我们并留了影。如今植物园的百花园里的叶子花专类园最为耀眼，红的、紫的、白的，以及粉红、紫红的花簇相映成趣，品种多达25 种，实在美艳。当然，这种叶子花生命力强，易于繁殖栽种，它在西双版纳城乡与村寨到处可见。由此，笔者写了一首《叶子花》诗给予赞美："美丽的西双版纳，春天里盛开叶子花，如彩霞绯红，似锦绣花丛。飘落庭院，高挂墙头，还把傣族姑娘的长裙追逐，在街道在竹楼，曼舞轻歌！"

叶子花俗称三角梅，露天栽培北移，在福建三明生长得很好。这些年，浙江金华花木生产基地，有大棚盆栽叶子花繁殖，在秋冬与春季都可开花，红、白、黄、紫各色均有，只是盆花植株枝叶不茂，花数少而色淡。在市区层楼阳台上，有花卉爱好者放置叶子花，在晴日的秋冬里，看起来，还是很鲜艳的。

 # 鸡蛋花

植物学特性与栽培技术

鸡蛋花，别名缅栀子、蛋黄花、大季花、印度素馨，缅栀子的枝头是钝圆头的，一到冬天，叶子掉光后，光秃秃的就像鹿角的模样，因此缅栀子又称为"鹿角树"。属夹竹桃科鸡蛋花属落叶小乔木或灌木，高约5～8米。枝条粗壮、肉质、具丰富乳汁、绿色、无毛。叶大，厚纸质，多集生于枝顶，叶脉在近叶缘处连成一边脉。花数朵聚生于枝顶，花冠筒状，径约5～6厘米，5裂，外面乳白色，中心鲜黄色，极芳香，呈螺旋状散开，瓣边白色，瓣心金黄色，恍如蛋白把蛋花包裹起来。花期5～10月，果期7～12月。鸡蛋花夏季开花，清香优雅；落叶后，光秃的树干弯曲自然，其状甚美，适合于庭院、草地中栽植，也可盆栽。

鸡蛋花喜湿热气候，耐干旱，喜生于石灰岩石地。鸡蛋花为强阳性花卉，日照越充足，生长得越繁茂。

鸡蛋花在温带种植，一般不会结籽，采用扦插繁殖。宜在5月中下旬，从分枝的基部剪取长20～30厘米枝条，剪口处有白色乳汁流出，需放在阴凉通风处2～3天，待伤口结一层保护膜后扦插。插入干净的蛭石、沙床或浅沙盆，然后喷水，置于室内或室外阴棚下，隔天喷水一次，使基质保持湿润即可。插后15～20天移至半阴处，使之见弱光，30～35天生根，45天即可上盆。扦插小苗生根成活后，要及时移栽在口径20厘米的盆中。

鸡蛋花浇水要适度，掌握不干不浇，见干即浇，浇必浇透，不可积水的原则。春秋季间隔1日至2日见土干浇一次水，夏季晴天每日早上浇一次，傍晚如土干再浇一次，雨季要注意倒掉盆中积水，防烂根，冬季十天半月浇一次，保持盆土微润不干即可。它喜肥，上盆或翻盆换土时，宜在培养土中加20～30克骨粉，50～80克过磷酸钙（因其喜生于石灰质土中，要注意补钙），5～10月，10～15天施一次淡薄的腐熟有机肥或氮磷钾复合肥，忌单施氮肥，防徒长，冬季不施肥。鸡蛋花是除上盆或翻盆换土后需要荫蔽7～10天外，其余时间都宜置于阳光充足处。因其原产美洲热带地区，故不耐寒，宜入室越冬。

在最低温度降至 10℃前，移入室内，置于阳光充足处，保持室温 10～15℃，远离电视辐射和空调暖风可不掉叶，但如低于 8℃或通风不良，也会掉叶，只要保持 5℃以上，就不会冻死，翌春发芽长叶。

鸡蛋花在栽植的过程中易受角斑病危害。角斑病发生在叶片上。病斑初期为褐色小斑点；扩展后病斑呈多角形至不规则状，边缘暗黑色，内黑褐色；后期病斑干枯，在潮湿环境下病斑上出现黑色粒状物。角斑病为真菌性病害。病原菌存活在栽培基质内及植物病残体上。以春季发病为多，室内可重复侵染危害，7～8 月发病较重。防治方法：①加强养护，及时换盆更新基质，增施磷钾肥，提高植株生长势。②早春季节每隔 7～10 天喷洒 1 次 0.5％波尔多液，或 70％代森锰锌可湿性粉剂 400 倍液，或多菌灵 600 倍液。

观赏与应用

在我国西双版纳以及东南亚一些国家，鸡蛋花被佛教寺院定为"五树六花"之一而广泛栽植，故又名"庙树"或"塔树"。鸡蛋花是热情的西双版纳傣族人招待宾客的最好的特色菜。在热带旅游胜地夏威夷，人们喜欢将采下来的鸡蛋花串成花环作为佩戴的装饰品，因此鸡蛋花又是夏威夷的节日象征。

鸡蛋花夏季开花，清香优雅；落叶后，光秃的树干弯曲自然，其状甚美。适合于庭院、草地中栽植，也可盆栽。花香，可提香料，或晒干后供制饮料和药用，有去湿之功效。木材白色，质轻而软，可制乐器、餐具或家具。

四、草本类名花

草本类名花主要有百合、君子兰、芍药、仙客来、大丽花、小丽花。

🌸 百合花

植物学特性与栽培技术

百合是百合科百合属多年生草本球根植物。鳞茎白色，如蒜头状，宽卵形，深入土中约 10 厘米。茎直立，坚硬，基部埋在土内的部分具 2～3 轮纤维状根，地上部分高 1.2～1.5 米，直径约 1 厘米，有棱纹，深紫色，被白色绵毛。叶散生，无柄，光亮，披针形，先端渐尖，具显著叶脉 5 条以上，上部叶片逐渐变短以至形成叶状苞片，通常叶腋内生有珠芽。珠芽球形，直径 2～3 毫米，老时变为黑色。花序总状圆锥形，花梗粗硬，开展，花朵稍下垂，喇叭形；花被片 6，花色有白、黄、粉、红多种颜色，开放时反卷，披针形，长 8 厘米，宽 1.5 厘米；雄蕊长 5～7 厘米，花药紫色，且具斑点；柱头紫色，子房长 1.3～1.8 厘米。果实倒卵形，长 3～4 厘米。花期一般在 7 月。原产于北半球的几乎每一个大陆的温带地区，主要分布在亚洲东部、欧洲、北美洲，全球已发现有 110 多个品种，其中 55 种产于中国。可供选购的主要品种有麝香百合（*Lilium longiflorum*）、卷丹百合（*Lilium lancifolium*）、美丽百合（*Lilium speciosum*）和山丹百合（*Lilium pumilum*）。其中美丽百合被称为"东亚最美丽的百合花"。

百合性喜凉爽潮湿环境，日光充足、略荫蔽的环境对百合更为适合。喜肥沃、腐殖质多且深厚的土壤，最忌硬粘土；排水良好的微酸性土壤为好，土壤 pH 值为 5.5～6.5。忌干旱、忌酷暑，耐寒性稍差。百合生长、开花温度为 16～24℃，低于 5℃或高于 30℃生长几乎停止，10℃以上植株才正常生长，超过 25℃时生长又停滞，如果冬季夜间温度低于 5℃持续 5～7 天，花芽分化、花蕾发育会受到严重影响，推迟开花甚至盲花、花裂。

百合的繁殖有播种、分小鳞茎、鳞片扦插和分株芽等方法。秋季采收种子，贮藏到翌年春天播种。播后约 20～30 天发芽。幼苗期要适当遮阳。入秋时，地下部分已形成小鳞茎，即可挖出分栽。播种实生苗因种类的不同，有的 3 年开花，也有的需培养多年才能开花。因此，此法家庭不宜采用。如果需要繁殖 1 株或几株，可采用分小鳞茎法。通常在老鳞茎的茎盘外围长有一些小鳞茎。在 9～10 月收获百合时，可把这些小鳞茎分离下来，贮藏在室内的砂中越冬。第二年春季上盆栽种。培养到第三年 9～10 月，即可长成大鳞茎而培育成大植株。此法繁殖量小，只适宜家庭盆栽繁殖。对于中等数量的繁殖可采用鳞片扦插法。秋天挖出鳞茎，将老鳞茎上充实、肥厚的鳞片逐个分掰下来，每个鳞片的基部应带有一小部分茎盘，稍阴干，然后扦插于盛好河沙（或蛭石）的花盆或浅木箱中，把鳞片的 2/3 插入基质，保持基质一定湿度，在 20℃左右条件下，约 1 个半月，鳞片伤口处即生根。冬季温度宜保持 18℃左右，河沙不要过湿。培养到次年春季，鳞片即可长出小鳞茎，将它们分开，栽入盆中，加以精心管理，培养 3 年左右即可开花。分珠芽法繁殖，仅适用于少数种类。如卷丹、黄铁炮等百合，多用此法。做法是将地上茎叶腋处形成的小鳞茎（又称"珠芽"，在夏季珠芽已充分长大，但尚未脱落时）取下来培养。从长成大鳞茎至开花，通常需要 2～4 年的时间。为促使多生小珠芽供繁殖用，可在植株开花后，将地上茎压倒，并分成每段带 3～4 片叶的小段浅埋于湿沙中，则叶腋间均可长出小珠芽。百合开花之后的球根仍具再生能力，只需将残叶剪除，把球根挖出另用砂堆埋藏，经常保湿避免暴晒，第二年即可开花，并花开二度。

栽种百合花，北方宜选择向阳避风处，南方可栽种在略有遮荫的地方。种植时间 8～9 月为宜。栽前一个月施足基肥，并深翻土壤，可用堆肥和草木灰作基肥。栽种宜较深（一般深度为鳞茎直径的 3～4 倍），以利根茎吸收养分。北方如栽种太浅，冬季易受冻害，并会影响根须和小鳞茎的生长。生长期间不宜中耕除草，以免损伤根茎。若有条件，可在种植地面撒一些碎木屑作土壤覆盖。这样，既可防止杂草生长，又可保墒和降低土壤湿度，以利鳞茎发育。盆栽宜在 9～10 月份进行。培养土宜用腐叶土、砂土、园土以 1：1：1 的比例混合配制，盆底施足充分腐熟的堆肥和少量骨粉作为基肥。栽种深度一般约为鳞茎直径的 2～3 倍。百合对肥料要求不很高，通常在春季生长开始及开花初期酌施肥料即可。国外一些栽培者认为，百合对氮、钾肥需要较大，生长期应每隔 10～15 天施一次，而对磷肥要限制供给，因为磷肥偏多会引起叶子枯黄。花期可增施 1～2 天磷肥。为使鳞茎充实，开花后应及时剪去残花，以减少养分消耗，浇水只需保持盆土潮润，但生长旺季和天气干旱时须适当勤浇，并常在花盆周围洒水，以提高空气湿度。盆土不宜过湿，否则鳞茎易腐烂。盆栽百合花每年换盆一次，换上新的培养土和基肥。此外，生长期每周还要转动花盆一次，不然植株容易偏长，影响美观。

观赏与应用

百合是智利、梵蒂冈、尼加拉瓜的国花。西方人一直把百合当作圣洁的象征。由于其外表高雅纯洁，天主教以百合花为玛利亚的象征。百合一词，在中国人的心中是吉祥之物，故历来许多情侣在举行婚礼时都要用百合来做新娘的捧花，以示"百年好合"、"白头偕老"之意。除了这种好兆头之外，它那副端庄淡雅的芳容确实十分可人。百合植株挺立，叶似翠竹，沿茎轮生，花色洁白，状如喇叭，姿态异常优美，能散发出隐隐幽香，被人誉为"云裳仙子"。

早在公元 4 世纪时，人们只作为食用和药用。及至南北朝时代，梁宣帝发现百合花很值得观赏，他曾诗云："接叶多重，花无异色，含露低垂，从风偃柳。"赞美它具有超凡脱俗，矜持含蓄的气质。至宋代种植百合花的人更多。大诗人陆游也利用窗前的土丘种上百合花。他吟道："芳兰移取遍中林，余地何妨种玉簪，更乞两丛香百合，老翁七十尚童心"。时至近代，喜爱百合花者也不乏人。昔日国母宋庆龄平生对百合花就深为赏识，每逢春夏，她的居室都经常插上几枝。当她逝世的噩耗传出后，她生前的美国挚友罗森大夫夫妇，立即将一盆百合花送到纽约的中国常驻联合国代表团所设的灵堂，以表达对她深切的悼念。

百合是当今世界主要的切花商品花卉，列切花生产的第五位。百合不但具有观赏价值，而且地下的鳞茎球也可食用。

君子兰

植物学特性与栽培技术

君子兰是石蒜科君子兰属多年生常绿宿根花卉。肉质根粗壮，茎分根茎和假鳞茎两部分。叶剑形，二列状迭生，宽带形，革质，全缘，叶表面深绿色而有光泽，叶基部合抱形成假鳞茎状。一般播种后的第一年幼苗只长 2 片叶子，次年能长 4～5 片叶，待长到 10 多片成年叶后才能开花。花葶自叶腋抽出，直立扁平；聚伞花序，顶生，下承托数枚覆瓦状苞片；每花序着花 7～30 朵，基部合生成短筒。花漏斗状，红黄色至大红色。浆果，球形，成熟时紫红色。冬春开花，尤以冬季为多，小花可开 15～20 天，先后轮番开放，可持续 2～3 个月。每个果实中含种子一粒至多粒。目前国际上共有 6 种君子兰，分别称作垂笑君子兰（*C. nobilis*），大花君子兰（*C. miniata*），细叶君子兰或花园君子兰（*C. gardenii*），有茎君子兰（*C. caulescens*），奇异君子兰（*C. mirabibis*）和沼泽君子兰（*C. swamp*）。

君子兰原产于非洲南部，生长在大树下面，所以它既怕炎热又不耐寒，喜欢半荫而湿润的环境，畏强烈的直射阳光，生长的最佳温度在 18～22℃之间，5℃以下，30℃以上，生长受抑制。君子兰喜欢通风的环境，喜深厚肥沃疏松的土壤，适宜室内培养。

君子兰常用播种、分株和组培法繁殖。播种繁殖：当果实变红时将整个花序剪下，悬挂于通风透光处，熟后将种子剥出。播种前可对种子进行浸种处理，即将种子放入 40℃左右的温水中浸种一天，浸种后在 20～25℃的条件下，15～20 天胚根可伸出。播种基质以杂木锯末为佳，发酵腐熟后即可使用，或用一份河沙加一份炉渣混合。当长出第一片真叶时，可进行第一次移植，载于 15～20 厘米宽的盆中，每盆 3 株。培养土以腐叶土加入 20％的河沙与适量的基肥。分株繁殖：以 3～4 月分株为宜。把君子兰根颈周围长出的 15 厘米以上的苗，从母体上切离下来，单独成株。切口用木炭粉涂 6 抹，待伤口干燥后上盆栽植，经 2～3 年即可开花。另有组培法，常用于新品种的繁殖。

在栽培管理上，君子兰花期前后应作适当处理。应加施一次骨粉、发酵好的鱼内脏、豆饼水，可使花色鲜艳，花朵增大，叶片肥厚。否则，易出现花朵小，数量少，花色淡的现象。同时应注意避免氮肥施用过多，磷、钾肥料不足，以致生长衰弱或叶子徒长，影响显蕾开花。要给予一定的光照，以满足光合作用和开花对光照的要求。强光照下，花期短，花色艳；弱光下，花色淡。光照太长、太强或长期荫蔽，光照不足，均影响养分制造积累，使之不能显蕾开花。适宜的温度对开花效果的好坏有明显影响，温度过高根毛存在时间极短，吸收水肥的功能大幅度减退，使君子兰呈现半休眠状态；温度低于 $10℃$ 也会使生长受到抑制；生长期应控制在 $15～25℃$，花期应在 $15～20℃$。还应注意君子兰昼夜要保持 $8℃$ 左右的温差，因为它在白天较高温度条件下制造的有机物是需要在夜间较低温度条件下贮存和消化的。君子兰在整个植株生长期间不能缺水，进入开花期需水量更大，生长湿度不低于 60%。

君子兰常见的虫害是介壳虫。发生虫害时，介壳虫常聚集在叶片的嫩梢上，吸取叶液，滋生出大量病菌，使茎叶变成霉黑色，造成煤烟病，并使叶片枯萎。此虫繁殖力强，一年可发生多代，一只雌成虫常能繁殖数百只，如不及时采取防治措施，可造成死亡。防治方法是平时注意察看株体，发现虫害，及早除治，以防蔓延。除治介壳虫可以人工、药物同时俱用。如只有 1 片 2 片叶梢发现虫害，可作人工刮除，用削尖的细木条或竹扦将虫体剔去。若出现大量虫害，可用 25% 亚胺硫磷乳液 $1\,000$ 倍液喷杀，也可用 40% 的氧化乐果乳剂加 $1\,000～1\,500$ 倍水制成溶液喷洒。一般喷洒 $1～2$ 次即可将其杀灭。此外，还要注意的是蚯蚓也会成为君子兰的害虫。在君子兰的植株幼小时期，其肉质根非常嫩弱，若盆土中有蚯蚓，它常常会到处乱钻，使嫩根受伤，破坏君子兰吸收营养的功能，使植株停止生长发育或造成烂根。防治方法是经常注意盆土表面有没有圆形土颗粒（即蚯蚓排泄物），若发现，可立即用 50% 的敌敌畏乳剂加 $1\,500～2\,000$ 倍水制成溶液浇灌。浇灌后出现有蚯蚓钻动，立刻除去；隔一星期后再同样进行一次，即可将蚯蚓除尽。

观赏与应用

君子兰的拉丁学名含有"高贵、高尚、富有、美好"之意；而中国人为它起名为"君子兰"，更赋予其"胸襟坦荡"、"正己修身"的正人君子之风范。

君子兰在我国属于一种株形美观，花叶并观的室内高档花卉。

它具有的特性：首先是造型奇特。你看它那青筋黄地，宽厚光亮的剑形叶片，整齐而对称地排列两边，秀拔舒展，仪态端庄，犹如两排持剑侍立的皇家卫队，终年墨绿。人们经过3年的细心培养观看着靓丽丰满的体态，热切地盼望着孕蕾开花。伞形花序与开着许多漏斗状黄橘色的花朵，花形清秀、花香沁人肺腑、清馨宜人，在长达一个月的观赏过程中，确已得到满足。从总体形态上观赏，有的像孔雀开屏，有的似大雁展翅，正是"绿叶两面排，好似大雁来，花开红似火，君子乐开怀"。君子兰的另一奇就是无论花、叶、果，还是座、味，均具有多方面观赏价值。一般花开之后结出的硕果由绿变红，最后转为紫红，整个过程是玄妙而瑰丽的，而且持续时间较长。所以说君子兰可以四季观叶（或座），三季观果，一季观花，花开时间可闻其香气。

君子兰适合室内盆栽，可周年布置观赏，是装饰厅、堂、馆所较为理想的花卉。我国栽培的君子兰有垂笑君子兰（又名细叶君子兰）和大花君子兰（又名上花君子兰）2种。长春市成为我国君子兰主要生产基地与观光胜地。据说，1932年日本人将君子兰作为名贵花卉献给溥仪，长春才有了君子兰，也成为中国君子兰的发祥地。随后经过70多年的培养，选育了许多新品种。如'和尚'、'染厂'、'油匾'、'技师'、'铁北张'、'园霸王'、'金元宝'、'俏丽人'、'大帅'。长春君子兰已具备了叶片成剑形、短、宽、立、圆、色浅、纹理明显，花莲粗大、花大、花背面艳丽等特点。它在国内多次花卉展览上夺魁，故形成了"长春君子兰"的专有名称。

 # 芍药

植物学特性与栽培技术

芍药为毛根科芍药属的多年生宿根性草本植物。芍药属可分为芍药组和牡丹组，芍药组约30种，我国有8种和6个变种。它们分别是草芍药、美丽芍药、多花芍药、川芍药、新疆芍药和窄叶芍药。其中，草芍药，别名芍药，花白色、红色、紫色均有，广泛分布于南北各地，是目前主要观赏种。芍药具有宿根性纺锤形的块根，茎丛生，株高在80～100厘米，叶为二回三出复叶，小叶3裂，裂片长园形或披针形，无毛。花期5月，花大单生枝项或叶腋，单瓣或重瓣，花色有紫、红、黄、粉及白色品系。目前，世界上芍药品种近千种，我国有300多种，依园艺花型可分为搂子类、冠子类、平头类和莲花类四大类。

芍药性强健耐寒，喜阳光而稍耐阴；喜深厚肥沃、湿润的土壤而黏土及沙土也能生长，但积水会造成根系缺氧而腐烂。芍药在江浙地域栽种，一般3月中旬萌芽，一丛可发多株，经20多天生长后，现蕾，5月中上旬开花。夏季枝叶青翠，9～10月，地上部分开始枯萎，随之，地下茎芽花芽分化，完成个体发育的更新。

芍药为宿根性多年生草本植物，适应性强，块根多芽眼，以分株繁殖为主。北方分株宜于9～10月，而南方可在秋冬季进行。春季分株对芍药块根伤害严重而不宜恢复，当年就不会开花。分株时将全株掘起抖掉附土，顺自然分离处分开，或用刀切开，少伤害，使每个新株块根带3～5个芽，如芽过多可以抹掉几个。芍药以观花为目的者，每5～6年分株一次，而以药用采根为目的者，每3～4年即分株一次。块根栽种不宜过深，芽上覆土3～4厘米；栽植距离80～100厘米。待春季新芽出土后，视情况进行中耕除草，花后去花枝，秋季需施肥培土。芍药亦可盆栽，但需要性强，要有充足的基肥和不时施肥，才能满足营养生长与开花之需。芍药可根插繁殖，将在秋冬分株过程中的断根切成5～10厘米长一段，扦插于砂基苗床中，即易萌发成株。芍药蓇葖果3～5枚，7月成熟，每果含细小黑色种子10多粒，有浅休眠性，秋播或春播苗床，但秋播较春播发芽率高而苗壮。由种子培育植物需多年才能开花。

芍药喜肥，少有过肥之害。特别是花蕾透色及孕芽时，对肥分要求更为迫切，除栽植时施用基肥外，根据芍药不同发育时期对肥分的要求，每年可追肥3次。春天幼苗出土展叶后，可施"花肥"，目的是促使植株苗壮生长，为花蕾发育和开花补充大量肥分。为及时补肥多用速效肥，注意要适当加大磷、钾肥的成分。开花后，大量消耗体内的养分，又要进行花芽分化和芽体发育，可施"芽肥"，此时是否有充足的肥分及时补给，直接关系到来年开花和生长的质量，仍施以速效肥，入冬前结合越冬封土，可施"冬肥"，以长效肥为主，多用充分腐熟的堆肥、厩肥，或用腐熟的饼肥及复合肥料。追肥施用方法有穴施、沟施和普施3种。一二年生幼苗，因根系不发达，常采用株间施或行间沟施的方法，穴与沟的深度约15厘米，将肥料施于其中，用土盖上，三年生以上的植株，多采用普施法，将肥料撒匀后，结合中耕除草，深锄松土，使之与土壤混匀。芍药根系发达，入土很深，能从土壤深层吸收水分；根肉质不耐水湿，所以不需像露地草花那样经常浇水，但过分干燥，也对生长不利，开花小而稀疏，花色不艳。因此，在干旱时仍需适时浇水，尤以开花前后和越冬封土前，要保证充分的灌水。降大雨时要特别注意及时排水，以免根系受害。芍药除茎顶着生主蕾外，茎上部叶腋有 3～4 个侧蕾，为使养分集中，顶蕾花大，在花蕾显现后不久，应摘除侧蕾。为防止顶蕾受损，可先留 1 个侧蕾，待顶蕾膨大，正常发育不成问题时，再将预留的侧蕾摘去。所以花农有"芍药打头（去侧蕾），牡丹修脚（去脚芽）"的诊语。巧妙地应用主、侧蕾花期的差异，可适当延长芍药的观赏期，可在同一品种（侧蕾可正常开花的品种）中选一部分植株，去除主蕾，留 1 个侧蕾开花，则花期可延后数日。

观赏与应用

芍药栽培历史悠久，在《诗经·国风》中便有男女之情"赠芍药"的记载。自唐宋以来，历来诗人对芍药的赞美也是高品位的。如苏轼咏道："一声鸡鸣画楼东，魏紫姚黄扫地空；多谢花工怜寂寞，尚留芍药殿春风。"表达了牡丹花谢后，还有芍药相继开放之貌。清人刘开有诗云："小黄城外芍药花，十里五里生朝霞；花前花后皆人家，家家种花如桑麻"，这是何等江南暮春田园风光啊！据知早年江南栽种芍药不仅在于观赏，而且还要收取块根作药物之用，才会有种桑麻一样。如今种芍药主要在欣赏。

芍药和牡丹是姐妹花，花大而美丽，两者完全可相媲美。当今，城乡花木栽种范围与欣赏力度已超过历代，牡丹与芍药在我国南北方广为栽种。每年 4～5 月间，它们次第开放，相互斗艳，让爱花者尽情欣赏赞美。据知，我国芍药观赏胜地有五大处：它们是洛阳市各公园、扬州市芍药园、曹州百花园、甘肃牡丹芍药园和北京芍药园。

例如，洛阳市植物园的牡丹、芍药颇具特色，占地 2.8 公顷，栽植芍药品种 150 个，3 万墩芍药，品种有'大富贵'、'巧玲'、'白玉盘'、'雪峰'、'粉池金鱼'、'桃花飞雪'、'黑海波涛'，其花形、花色完全可与牡丹相媲美。扬州市芍药园，占地 60 多亩，栽培品种达 1 000 种是目前我国芍药品种收集最多的园圃。这些年 5 月初芍药节在扬州市举办，芍药园万朵鲜花齐放，真是万紫千红，让游人沉醉于花海之中。曹州百花园的芍药培育出了许多珍品，如'黄金轮'、'红银针'、'菊峰'、'杨妃出浴'，每年销往美国、日本、荷兰、加拿大、德国等国优质幼苗 50 万余株，芍药花容在他乡得到共赏。甘肃牡丹芍药园，为 2001 年建，地处兰州市，占地 100 公顷，有牡丹品种 300 多个，芍药 200 多个，此园是作为中国西北牡丹、芍药基因库工程而建。

仙客来

植物学特性与栽培技术

　　仙客来是报春花科仙客来属草本植物，株高20～30厘米。球茎扁圆肉质，深褐色，外被木栓质。顶部抽生叶片，叶丛生，心脏状卵形，叶缘锯齿状，表面深绿色具白色斑纹，叶背紫红色；叶柄肉质，褐红色。花大，单生而下垂，花梗长15～25厘米，自叶腋处抽出；萼片5裂，花瓣5枚，基部联合成短筒，开花时花瓣向上翻卷而扭曲。花色有白、红、紫、橙红、橙黄以及红边白心、深红斑点、花边、皱边和重瓣状等，有的还带芳香。花期冬春，果实球形，种子褐色。

　　仙客来原产地在欧洲南部的希腊、突尼斯一带，栽培观赏历史已经有300多年以上。在18世纪的时候曾以德国为栽培中心，后来风靡了整个欧洲。我国天津市早在20世纪70年代末，仙客来盆花在全国已有名气，现已建立了有160多个仙客来品种的种质基地，并组建了全国仙客来研究开发中心。上海、北京除生产仙客来盆花以外，还从荷兰进口优质仙客来供应市场。山东仙客来生产主要是青岛和青州两地，生产量较大，在国内花卉市场有一定影响。

　　仙客来喜凉爽、湿润及阳光充足的环境。生长和花芽分化的适温为15～20℃，湿度70％～75％；冬季花期温度不得低于10℃，若温度过低，则花色暗淡，且易凋落；夏季温度若达到28～30℃，则植株休眠，若达到35℃以上，则块茎易腐烂。幼苗较老株耐热性稍强。为中日照植物，生长季节的适宜光照强度为28 000勒克斯，低于1 500勒克斯或高于45 000勒克斯，则光合强度明显下降。要求疏松、肥沃、富含腐殖质，排水良好的微酸性沙壤土。

　　仙客来可采用播种、球茎分割、叶插和组织培养等方法繁殖。播种繁殖：以9月上旬为宜，仙客来种子较大，可用浅盆或播种箱点播，在18～20℃的适温下，30～60天发芽。幼苗出现第一片真叶，球茎约黄豆大时，第一次分苗，株行距3厘米×3厘米，移栽时，小球茎不宜埋深，球茎顶部略高于土面。6～7片真叶时，可单独分栽于6厘米盆。幼苗生长适温为5～18℃，以半阴为宜，早晚多见阳光。盛夏需遮荫并喷雾降温，有利于球茎发芽和叶片生长。一般品种从播种至开花需24～32周。球茎分割法：适用于优良品种的繁殖。选4～5年生球茎，切去球茎顶部1/3，随后将球茎分割成1平方厘米小块，经分割的球茎在30℃和相对湿度高的条件下，5～12天，促进伤口愈合，接着保持 20℃，促进不定芽形成。分割后的 3～4 周内土壤保持适当干燥，以免伤口分泌黏液，感染细菌，引起腐烂。一般分割后 75 天形成不定芽，9 个月后有 10 余片叶可用 12～16 厘米盆栽，养护 2～3 个月后开花。叶插法：叶插于 3～4 月或 9～10 月进行。切下叶片时，叶柄必须带一部分块茎，所带块茎越大，发根成苗越快。插床一定要通气又保湿，一般多用蛭石作插床基质，秋插来春即发新叶长成新苗。组织培养法：已用幼苗子叶、叶柄、块茎和根为材料，进行组培和规模化生产。

对于盆栽仙客来，一般 9 月中旬休眠球茎开始萌芽，即刻换盆，盆土不要盖没球茎。刚换盆的仙客来球茎发新根时，浇水不宜过多，以防烂球，盆土以稍干为好。生长期随时注意室内通风和光照。春节左右仙客来进入盛花期，晴天中应调节光照与湿度。结实期正值气温升高，更要注意通风调节，以免造成花茎腐烂，果实发霉。6 月中旬，叶片开始变黄脱落，球茎进入休眠期。休眠球茎放在通风条件好、阴凉的场所。

要注意的是，仙客来一般在家庭欣赏时，已进入花期中，所以基本上不需施肥，否则会明显缩短花期，甚至落花落蕾。施肥一般选择在营养生长期进行，氮、磷、钾需要均衡，花蕾育成期则需要提高磷、钾肥的施用量，但绝对不可施用浓肥、烈肥、生肥，否则极易产生肥害而全株坏死。如果是浇灌的液态肥料，需要从盆沿缓慢浇灌，不可从植株的顶端浇灌，并在施肥后用清水冲洗叶面。仙客来在家庭养护中常出现灰霉病和软腐病。灰霉病的主要症状是病害处有水渍状直径 1～2 毫米的小斑，后逐渐扩大，呈褐色腐烂。叶柄或花柄部位染病时，叶片或花朵倒折，病害处有灰色霉层，后变为土黄色霉层，致病原因是湿度过高且通风差。防治上一是及时通风降低空气湿度；二是及时摘除病叶，减少传染源；三是喷施代森锌、多菌灵等广谱性杀菌剂。软腐病多由细菌侵染所致，病害部位呈现软化腐烂，发生部位多见于球茎。主要是基质消毒不彻底或没有消毒，高温或高湿情况下易发生。防治方法可喷施农用链霉素或多菌灵等。

观赏与应用

仙客来是欧洲最古老的共和国圣马力诺的国花，也是我国山东省青州市的市花。

仙客来一词来自学名 Cyclamen 音译，由于音译巧妙，使得花名有"仙客翩翩而至"的寓意。传说，嫦娥有一次带玉兔去会后羿，把玉兔放在门口，玉兔跑到花园和老园丁建立了感情。走时，玉兔把放在耳朵里的一颗种子送给园丁，后来经过园丁的精心栽培，种子开出了花，其形状像一个个小兔头，翘首望月亮，似乎盼着玉兔再来。那园丁就给这花取了"兔子花"的名字。

仙客来是冬季优良的室内盆花观赏花卉，花色丰富，花形奇特。花期很长，单朵花持续 20 天左右，进入开花期，花蕾连续开放，每盆花可有 50～100 朵，花期持续 3～5 个月之久。仙客来花期一般从圣诞节开始，经元旦、春节，一直可持续至五一节，是装点客厅、案头以及商店、餐厅等公共场所冬季的高档盆花。在欧美也是圣诞节日馈赠亲朋、寄托意愿的重要花卉。

 # 大丽花

植物学特性与栽培技术

大丽花是菊科大丽花属宿根性多年生草本植物。肉质块根肥大，呈圆球形、甘薯形或纺锤形。新芽只能在根颈部萌发，茎直立，有分枝，高 50～150 厘米。叶对生，羽状深裂，裂片卵形。头状花序，由中间管状花和外围舌状花组成，管状花两性，多为黄色，舌状花单性，色彩艳丽，有白、黄、橙、红、紫色。花期：夏季 7～8 月，秋季 9～10 月。瘦果长椭圆形。大丽花原产于墨西哥海拔 1 500 米的热带高原，在我国辽宁、吉林气候适宜，生长良好，长江流域及江南一带亦有相当栽种。大丽花栽培品种繁多，全世界约 3 万种。按花朵的大小划分为：大型花（花径 20.3 厘米以上）、中型花（花径 10.1～20.3 厘米）、小型花（花径 10.1 厘米以下）等三种类型。按花朵形状划分为：葵花型、兰花型、装饰型、圆球型、怒放型、银莲花型、双色花型、芍药花型、仙人掌花型、波褶型、双重瓣花型、重瓣波斯菊花型、莲座花型和其他花型等 11 种花型。其主要栽培品种有寿光、朝影、丽人和华紫等。其中寿光为夏、秋季切花品种；朝影易栽培；丽人为小型切花品种；华紫花纯紫色，花径 12 厘米，为紫色系中最佳品种。

大丽花既不耐寒，又畏酷暑，喜气候温凉的环境。

因大丽花有根颈似的块根作为繁殖体，可进行分根繁殖。在分割时必须带有部分根颈与块根，否则不能萌发新株。为了便于繁殖，常采用预先埋根法进行催芽，待根颈上的不定芽萌发后再分割栽植。分根法简便易行，成活率高，苗壮，但繁殖株数有限。扦插繁殖是大丽花的主要繁殖方法，繁殖系数大，一般于早春进行，夏秋亦可，以 3～4 月在温室或温床内扦插成活率最高。插穗取自经催芽的块根，待新芽基部一对叶片展开时，即可从基部剥取扦插，也可留新芽基部一节以上切取,以后随生长再取腋芽处之嫩芽,这样可获得更多的插穗。春插苗经夏秋充分生长,当年即可开花。6～8月初可自生长植株取芽夏插,但成活率不及春插,9～10月扦插成活率低于春季,但比夏插要高。插壤以沙质壤土加少量腐叶土或泥炭为宜。种子繁殖仅限于花坛品种和育种时应用。夏季多因湿热而结实不良,故种子多采自秋凉后成熟者。重瓣品种不易获得种子,须进行人工辅助授粉。播种一般于播种箱内进行,20℃左右,4～5天即萌芽出土,待真叶长出后再分植,1～2年后开花。

大丽花茎高多汁柔嫩,要设立支柱,以防风折,而矮生品种则不必。浇水要掌握干透再浇的原则,夏季连续阴天后突然暴晴,应及时向地面和叶片喷洒清水来降温,否则叶片将发生焦边和枯黄。伏天无雨时,除每天浇水外,也应喷水降温。显蕾后每隔10天施一次液肥,直到花蕾透色为止。霜冻前留10～15厘米根颈,剪去枝叶,掘起块根,就地晒1～2天,即可堆放室内以干沙贮藏。贮藏室温5℃左右。盆栽大丽花以采用多次换盆为好。选用口面大的浅盆,同时把盆底的排水孔尽量凿大,下面垫上一层碎瓦片作排水层。培养土必须含有一半的沙土。最后一次换盆需施入足够的基肥,以供应充足的营养,其他管理同地栽。切花用大丽菊,株行距50～100厘米,生长旺季半月追施一次液肥,适当摘心,多保留侧枝。

大丽花栽培过程中忌植高秆品种,宜选矮秆品种。大丽花株高30厘米至200厘米,有高中低三档,阳台盆栽宜选30厘米至60厘米的矮秆品种,过高既挡光线,且遇大风易倒伏,甚至连盆刮倒坠落下去,可能发生伤人砸物事故。忌用浅小轻盆,盆宜深大通透性好。大丽花肉质块根较发达,宜用通透性较好、盆径30厘米至50厘米的土陶盆或紫砂盆,塑料盆通透性差,且较轻,遇大风有被吹下阳台的危险,如用塑料筒盆,要用绳扎附栏杆上,以防意外。

观赏与应用

大丽花是墨西哥的国花,也是我国吉林省的省花,河北省张家口及辽宁辽阳市的市花。

大丽花是世界名花,世界各国广泛栽培。植株粗壮,花朵大,可达15厘米以上,花姿优美,色彩艳丽,花期长,在夏花中甚少能与其匹敌。绚丽多姿的大丽花象征大方、富丽,大吉大利,是具有"豪华气派"型的花卉,且不娇柔。张静的《大丽花》诗极其赞赏它能在我国安家落户而光彩照人,"生小柴桑处士家,未应佛国竞豪华。等闲色相同泡幻,依旧当年大丽花"。

大丽花适宜布置花坛和庭院种植。矮的可置于花坛边缘,高的可置于花坛后部。中小品种是切花、花篮、花束、花环的理想材料。大丽花全草可入药，根具有清热解毒、消肿之功效。

小丽花

植物学特性与栽培技术

小丽花为菊科大丽花属多年生宿根草本植物，其形态与大理菊相似，但植株较为矮小，高度仅为20～60厘米，多分枝，头状花序，一个总花梗上可着生数朵花，花径5～7厘米，花色有深红、紫红、粉红、黄、白多种颜色，花形富于变化，并有单瓣与重瓣之分，在适宜的环境中一年四季都可开花。具有植株低矮，花期长，花色艳丽而丰富的特点，是优良的地被植物，也可布置花坛、花境处，还可盆栽观赏或做切花使用。

小丽花原产墨西哥的海拔1 500米的高原上，性喜温凉气候，喜阳光，忌粘重土壤，宜疏松肥沃的沙质壤土，低洼积水处不宜种植。生长适温12℃至25℃，温度0℃时块根受冻，夏季高温多雨地区植株生长停滞，处于半休眠状态，既不耐干旱，更怕水涝，受渍后块根腐烂。

小丽花多用播种法繁殖，但最好采用人工控制授粉所结的种子。植株也可用分株和扦插法繁殖。由于小丽花系天然受粉，种子易发生变异，为了保持种子的优良特性，最好采用人工受粉。北方一般多在5月初进行播种，种子点播或条播在花盆或苗床，轻加覆土厚约0.3厘米，发芽适温15～20℃，保持湿度及日照约70％，6～8天后发芽，出现两片叶后定植。生长适温18～25℃，待长叶5～7枚时移植，移植幼苗时要带上原土坨，避免损伤块根，以利成活，株距20～30厘米。

小丽花栽培土质以肥沃之沙质壤土为佳，排水及日照都需良好。盆栽忌积水，否则球根易腐烂。春秋两季是小丽花的生长旺季，肥水管理按照"花宝"—"花宝"—清水—"花宝"—"花宝"—清水的顺序循环（最起码每周要保证两次"花宝"），间隔周期：室外养护的1～4天，晴天或高温期间隔周期短些，阴雨天或低温期间隔周期长些或者不浇；放在室内养护的2～6天，晴天或高温期间隔周期短些，阴雨天或低温期间隔周期长些或者不浇。夏季是生长缓慢的季节，要适当地控肥控水。肥水管理按照"花宝"—清水—清水—"花宝"—清水—清水的顺序循环，间隔周期：室外养护的1～4天，晴天或高温期间隔周期短些，阴雨天或低温期间隔周期长些或者不浇；放在室内养护的

2～6 天，晴天或高温期间隔周期短些，阴雨天或低温期间隔周期长些或者不浇。在早晨或傍晚温度低时浇灌，还要经常给植株喷雾。浇水尽量安排在早晨温度较低的时候进行。冬季是休眠期，主要是做好控肥控水工作，肥水管理按照"花宝"—清水—清水—"花宝"—清水—清水顺序循环，间隔周期大约为7～10 天，晴天或高温期间隔周期短些，阴雨天或低温期间隔周期长些或者不浇。浇水时间尽量安排在晴天中午温度较高的时候进行。

为了达到想要的效果，我们可以对小丽花花期进行调节。为调整花期，可分期播种，这样只要温度合适，一年四季均可开花不断。如 2 月上旬在棚室内播种，"五一"前后即可开花。7 月上旬露地播种，到了国庆节前后可开花。如果在 10 月份播种，可盆播也可露地播种，当气温降到 15℃ 左右时移入棚室内，或搭双层塑料保温棚，维持 10～25℃ 左右的生长适温，人工给予 6 个至10 个小时的光照，维持 5℃ 以上的昼夜温差，可在春节期间开花。通过修剪也可调整花期，如想让小丽花在国庆节开花，可在 7 月初花后进行更新修剪，先扭断欲剪的枝条，留高约 20 厘米，待萎蔫后再剪，剪后适当控水，并按培养要求进行摘心，一般细心培养 2 个月，在国庆节可以开花。若欲使其矮化，可通过打头摘心控制其高度，或在其高度长至 15 厘米左右时，用 0.05％～0.1％ 的矮壮素来喷洒叶片 1 次至 2 次。培养独本小丽花时，要去掉侧芽，留下主枝，盆栽要控制高度，从基部开始将所有腋芽全部摘除，随长随摘，只留顶芽一朵花。培养四本小丽花时，当苗高 10～15 厘米时，基部留 2 节摘心，使之形成 4 个侧枝，每个侧枝只留一个顶芽，可开出 4 朵花。

观赏与应用

小丽花为多年生草本，实为大丽花品种中矮生类型品种群。小丽花植株低矮，高 20～60 厘米；茎多分枝；着花多而小。花径 5～7 厘米；块根也较细小。花形变化不及大丽花丰富，然而花色鲜丽，丰富多彩花期更长，自 6 月至霜降花开不绝，结实力很强。花色绚烂，灼灼照人，状态万千，为世界名花之一。株形矮小，花色五彩缤纷，盛花期正值国庆节，最适合家庭盆栽。北方地区，2 月上旬在室内温暖处播种，"五一"节便可见花，7 月上旬露地播种，国庆节前后则鲜花怒放。

下篇

中国待定国花及四季花

国花是指以自己国内特有的园林名花作为国家表征的花，象征着历史文化，民族团结的精神和高尚的人格美德。国花为各国政府和人民高度重视，反映对祖国的热爱和深厚的民族感情，并可增强民族的凝聚力。目前世界上有100个多国家确立了自己的国花，中国是唯一尚未确定国花的大国。

在中国漫长的历史上，自唐宋以来，牡丹与梅花一直受到国人的喜爱，却呈现出两种不同风格的欣赏品味。牡丹雍容华贵，有国色天香之称，视为繁荣昌盛的象征。梅花俏丽高雅，不畏严寒，有花魁、花神之美誉，视为中国民族精神象征。1903年，清慈禧敕定牡丹为国花；1929年民国政府将梅花指定为国花。

新中国成立以后，我国一直没有国花。自改革开放后，国花评选启动，但因梅花派和牡丹派分歧意见很大，几次评选难以最后决定，一直拖延至今。这场评选国花之争的焦点在于一国一花（牡丹）或是一国两花（牡丹和梅花），现在看来，这种争论是十分有益的。本书将提供有关国花争论的背景材料以及相关四季花问题进行讨论，以促进国花尽早确定和四季花的习俗正名。

一、候选国花：牡丹和梅花之争与待定

1. 改革开放的社会基础

自上世纪80年代改革开放以来，我国的现代经济建设取得伟大成就，政治思想开放，人民生活水平大有提高，也由此极大地推动了城乡园林建设和花卉市场的蓬勃发展。当今，城市公园和小区的花木布景以及市民种花、养花和赏花的活动都出现了新的面貌，这一切生活条件的改变，对国人参予国花评选活动起到了极大的推动作用。

中国园林历史悠久，且有世界园林之母的称号。中国古典园林始于唐宋，盛于明清，而今存在的清皇家园林颐和园和苏州私家的明清园林就可见其一斑。其实，园林的兴衰也反映出国家的兴衰。中国古典园林建造与布局是很讲究的，园林艺术沉积着深厚的文化历史，这对一般读者是不甚了解的。因此，当前评选国花时，容易被某种眼前的花卉热所驱动而忽视历史文化，这就要群众评选与专家评选相互结合之。

中国花卉资源的丰富，当代《中国花经》（陈俊愉，2000）一书就列有188科2354种。管康林等在《世上最美的100种花》（2010）一书中，汇集了国内外名花和某些新秀，并对我国"十大传统名花"进行了特写。这些传统名花，即梅花、牡丹、菊花、兰花、月季、山茶花、荷花、杜鹃花、桂花和水仙花，是前些年由中国园艺学会牵头评选出来的（1987）。它们早已家喻户晓，文化历史悠久，观赏性高，均可作为国花和四季花的候选者，除此之外，我国传统名花至少还可列举出几十种，如白玉兰、海棠花、紫薇、桃花、腊梅、茉莉、石榴、含笑、瑞香、丁香、琼花、栀子花、茶梅、迎春花、蔷薇、木棉花、凤凰木、木芙蓉、红花羊蹄甲（紫荆花）、紫藤、凌霄、石竹、虞美人、凤仙花、鸡冠花、芍药、玉簪、君子兰、百合、大丽花等。

2. 评选组织工作

评选国花是一件认真严肃的事，需要有一个权威性的组织来负责进行。我们认为评选国花是国家所为，应让人民群众和社会团体及专家共同参与。据知，1982年，北京林业大学梅花专家陈俊愉教授（院士）首先提出以梅花为国花的建议，随后，他又提出了"一国两花"（即梅花和牡丹）的建议方案（1994），并由此推动了我国"十大传统名花"的评选，也启动了国花的评选，一次是梅花夺魁，牡丹居亚；另一次是牡丹称王，梅花次位。

1994年的这次国花评选活动是由中国花协会负责进行的。根据1994年全国人大八届二次会议0440号"关于尽快评定我国国花的建议"议案，批转农业部办理，由中国花协会负责具体组织。同年3月成立了由全国人大常委会副委员长陈慕华任名誉组长，何康任组长的国花评选领导小组，在全国范围内开展了国花评选活动。

国花评选的基本条件是：

（1）栽培历史悠久，适应性强，在我国大部分地区有影响，在国际上居领先地位。

（2）花姿、花色等特征，能反映中华名族优秀文化传统和性格特征。

（3）用途广泛，为广大人民群众喜闻乐见，具有较高的社会、环境和经济效应。

应该说，以上三条简易明了，可操作性强，如果条件提得太细、太具体也不好办，关键在于操作与评审及其最后报批的决策。

这次中国花协会有组织有领导地开展了全国性国花近一年的评选与讨论，并在网上和《中国花卉报》刊登许多著名人士和广大群众的各种观点。据刊载提名的国花候选种类有牡丹、梅花、菊花、兰花、荷花等10多种，经31个省市上报统计结果，赞成一国一花（牡丹）的有18个省，占58.06%，赞成一国四花（即牡丹、梅花、菊花和荷花）的有11个省，占35.4%。1995年1月28日，国花评选领导名誉组长、全国人大常委会副委员长陈慕华，主持了中国花协常务理事会，暂定牡丹为我国的国花，而兰、荷、菊、梅分别为春、夏、秋、冬四季花。但由于种种原因，这两种决定没能在 1995 年的人大会议上审定颁布。

3. 国花评选之争

1994 年，中国林协会曾推出一个国花评选标准讨论，有四条，大意是：一、分布要广，二、花要漂亮，三、要有文化内涵，四、要有一定经济价值。

当你查阅"国花"网上资料，就会看到人们对国花评选标准问题提出质疑。第一条国花分布地域要广，有人认为不妥，如大熊猫分布区不大已成为国宝。我们认为，大熊猫为濒危稀有动物，受到保护，这两者没有可比性。即国花要有较大地域分布区，才有代表性、有影响，这一条不能少。也有人认为，花漂亮，也没有统一标准，文化内涵更是博大精深，不是一两种花卉能承担得了的。此话不错，所以，在中国花协会的标准中，将它的 2、3 条合并了，国花不仅有外表美，也要有内在美，能反映中华民族优秀文化和性格特征，这种具有儒家思想的审美观是长期形成并成了特有的民族文化。

然而，有人说国花评选不必搞得那么复杂，没有必要搞什么标准，只要突出一点，可以不及其余。他们举例美国当年评选国鸟情况作为佐证。1782 年，出于当时形势需要，美国政府制定白头海雕为美国的国鸟，成为身姿矫健、勇猛力量的象征。对此，我们可以仿效，只要选择的国花能体现中华民族的精神特质，什么方式最简捷用什么方式来评选好了，最终都能为国人所接受。这番话也有一定道理。历史上发生的事总有其特殊性，就是当年清慈禧敕定牡丹为国花，民国政府指定梅花为国花。今天，中国有条件开展群众性与专家相结合的方式进行评选国花，有什么不好呢？

所以，我们认为，如果国花评选，没有强有力的权威性组织，提出一定的评选标准，没有民主集中方式，无论是群众性或是专家学者的自由讨论就会没完没了。真叫"仁者见仁，智者见智"，有点变成了调侃之味。中国是一个文明古国，园林文化历史悠久，对评选国花，以上的一般辩论不必计较，但重大问题不能忽视，需要听取，慎重决策。

这次国花评选的实质，在于考虑地域性和文化历史性之争而牵涉到"一国一花"好或是"一国两花"（即双国花）好，确是必要的、有意义之争。国花评选不排斥各省市政府领导者对花文化产业和经济产业带来的强大利益所驱动，只便如此，也无可厚非。各类专家、学者和各学会也各叙己见，不宜指责，这却体现了当前评选国花的充分民主讨论气氛。比如，中国花协会牡丹芍药分会副会长秦魁杰对"双国花"提出质疑:"真的有必要搞两个国花吗?"在100多个有国花的国家当中,选了双国花的不到10％。西安花卉学会常务理事李继瓒教授坚决反对"一国两花"。他认为,国花如同国旗一样,只能有唯一的一种选择,所以,赞成牡丹入选。

2005年,陈俊愉院士在一次院士大会上,呼吁院士在《关于尽早确定梅花、牡丹为我国国花的倡议书》上签名,意在利用院士的影响力,让国花早日选出,结果有104名院士签了名字。这足可见院士们为评选国花所表现出的一种爱国热情。

另外,各学会团体之间也各有聚会活动,提出自己的看法,如2005年9月20日中国园艺学会,北京林学会和上海风景园林学会联合在北京召开了"中国国花评选研究会"。会上大部分代表支持选牡丹和梅花为"双国花",但是也有少数仍坚持推选"一国一花"。几乎同时,中国花协会也在北京召开了一次国花评选专家座谈会,结果多数专家赞成"一国一花",即牡丹,只有少数人主张"一国两花"或"一国四花"。

据知,2005年的全国"两会"上,来自武汉的9名全国政协委员联合提出议案,"将梅花指定为中国国花"。与此同时,来自洛阳和山东菏泽的全国人民代表则提出"尽快将牡丹确定为国花"。由此可见,梅花派和牡丹派针锋相对,旗鼓相当,势均力敌。自上世纪90年代以来,在每次全国"两会"上,几乎都在重复上演类似的国花提案,均被搁置了。

4. 我们赞成双国花

(1) 植物生长习性与地域分布

牡丹和梅花的原产地都是中国。据考牡丹原产西部秦岭和大巴山一带,而梅花原产中国西南部。由于几千年的栽种与培育以及文化历史的沉积,深得广大人民的喜爱。

牡丹(*Paeonia suffruticosa*)为毛莨科芍药属落叶小灌木,高1～3米;树皮灰褐色,分枝短粗,长二回三出复叶,株型端庄秀色,但秋冬季地上部叶片渐萎而脱落。花期4～5月间,花大单生枝顶,萼片5,绿色,花瓣5,多为重瓣,呈黄、红、粉、白、紫、蓝、绿、黑、复色,极为艳丽。

我国牡丹栽培历史悠久,早在隋朝隋炀帝建东都洛阳西苑时就栽有牡丹,可视为人工栽培牡丹之始。唐代牡丹栽培始盛,普及当时古都长安、洛阳一带,于是出现了武则天一怒"贬牡丹"到洛阳的故事,致使牡丹身价倍增。到了宋代,牡丹栽培东移,入山东曹州境内,但以洛阳为最盛,故有"洛阳牡丹名品多，自谓天下谁能过"。明清时期，牡丹一样受到国人喜欢而栽培已扩到北京以及长江流域和西川彭州。如今牡丹的生产地洛阳、菏泽一带，种植面积已达 10 万亩，而洛阳牡丹园研究中心基地的收集品种达 1200 种。

牡丹喜光照，具有较长的耐寒性，耐旱性，耐湿性较差，但因不同的地理品种群而有差异。牡丹喜深厚肥沃土壤，排水良好的酸性或微碱性的砂质土壤，忌积水。正如欧阳修所说："洛阳地脉花最宜，牡丹尤为天下奇"。这就道出了洛阳盛产牡丹是与土质气候有关。

梅花（*Prunus mume*）为蔷薇科李属的落叶小乔木，成年株体生长旺盛，多分枝，叶互生，广卵形。花单生或数朵簇生；花瓣五片，呈粉红色或白色，香气清溢。老树虬枝稀疏，愈见苍劲。梅经人工长期选育已演化成今日的果梅与观赏梅两大系统，果梅不仅可以观花，果还可食，而且是"话梅"果脯的主要制品。

梅性喜温暖湿润气候，自古以长江流域栽培为多。梅花适应性强，喜光，喜土层深厚，但能耐干旱瘠薄土壤，忌积水；pH 值以微酸壤土为合适，但也能在微碱性的黏土中生长。梅树寿命很长，可达数百年，少数达千余年，如浙江天台国清寺的隋梅，湖北黄梅县的晋梅以及昆明黑龙潭的千岁唐梅。梅花是典型的"中国式"花卉，除日本外，国外栽培不多。目前，我国江南有四大梅园，即武汉梅园、南京梅花山、无锡梅园和杭州灵峰梅山。梅花栽培还远不这些地域，南至广州，北至青岛与北京都有，培育品种已达 300 多种。

许多专家认为中国地域辽阔，园林花卉很多，一种花木难以代表中国，如采用"双国花"可以弥补不足。如梅花可以代表长江流域和西南花卉，而牡丹可以代表黄河流域和西北花卉。能覆盖大部华夏大地。两种植物，一种是乔木，常绿，仅短暂冬季落叶又将在孕育花蕾；一种是灌木，其幼年期为亚灌木，呈一岁一枯荣之状。所以，它们在生长发育特性和花姿的多样性上均可以互补。

（2）花文化历史的多元性

牡丹花文化自唐、宋以来得到积累。在大唐盛世时，因唐明皇建宫苑，开创了赏牡丹之韵事与风气。如李白的《清平调》"名花倾国两相欢，长得君王带笑看；解识春风无限好，沉香亭北依阑干"。写尽了贵妃如牡丹之美，深得君王宠爱，是何等赏花场面！皮日休的"落尽残红始吐芳，佳名唤作百花王；竟夸天下无双绝，独立人间第一香"。再有刘禹锡的"惟有牡丹真国色，花开时节动京城"之句，更显示出群众性的赏花场景了。唐时称"牡丹国色"已达到无与伦比的高度，为有国花才相配。

北宋欧阳修写的《洛阳牡丹记》可见当时洛阳古都种牡丹、赏牡丹之风行，故有"洛阳牡丹甲天下"之说。"花开日日插花归，酒盛歌喉处处随"和"人老簪花不自羞"之状，又可见每当暮春牡丹盛开之际，人们都会沉醉于赏花，插花饮酒赋诗之中。时至明清牡丹仍然是皇家花园和民间百姓喜爱栽种的名花，但赞颂牡丹盛世已衰。

牡丹雍容华贵，在中华民族的审美观念中，它是富贵态，是繁荣昌盛的象征。这种观念由来已久，早在五代徐熙的一幅"玉堂富贵图"得到印证。所以，牡丹的富贵图挂画及其日常生活装饰上被广泛地流传下来。近代画家吴昌硕、黄宾虹等画家画牡丹也一脉相承，喜见"春风拂面一枝秾，焯约娇姿无可比"的富贵态。

时至今日，中华民族又一次强盛复兴，牡丹也成为繁荣昌盛的象征。每年4～5月间，南北各地正当牡丹盛开的牡丹园，观赏者纷踏而来。2011年的洛阳牡丹节进入第29个年头，被上升为"第29届中国洛阳牡丹文化节"，笔者也特地赴洛阳观牡丹盛况。洛阳牡丹种植园，占地上万亩，大型牡丹观赏园和品种研究中心也有多处，收集品种已达1 200种，为进行国际交流和弘扬牡丹文化作出了贡献。

梅花是我国特有的传统名花，梅文化虽不像牡丹那样，富贵炽热，却显得更多的典雅文化精神的历史沉积。历史上，咏梅最早见于汉时的古典乐府曲《梅花落》，属于笛子演奏的横吹曲，赞美梅花的耐寒高洁品性，在南朝至唐代颇为流行，对后人产生了很大影响。如高适的《塞上听吹笛》诗："借问梅花何处落，风吹一夜满关山"，以借梅花落的笛声而发的感叹。《梅花三弄》是中国著名十大古典名曲之一，相传由晋时的笛曲而后改编为古琴曲，时至明清已广为演奏。全曲表现了梅花洁白、傲霜凌霜的高尚品格，旋律幽美，它演绎到今天更有韵味，为国人所喜欢。

自唐宋以来，咏梅诗画在文学艺术史上，其数量最多，是其它任何一种花卉所不能企及的。南宋迁都杭州，极大挫伤了抗金文武将领的主张，由此对牡丹的赞颂突然消失，而赞美梅花的情况大增。仿佛唐宋盛期带走了国色天香的牡丹，为官的人文雅士只有借"梅开雪中香，高节自一奇"来表达自己的情操。

在宋、元、明、清期间，赏梅情趣也因人而异。如北宋林和靖，他酷爱梅花，隐居杭州孤山，终生一人与梅鹤为伴，故有"梅妻鹤子"雅号。他的《山园小梅》诗一直为世人推崇，其中"疏影横斜水清浅，暗暗香浮动月黄昏"之句，堪称千古绝唱。另宋人卢梅坡《梅雪》诗："有梅无雪不精神，有雪无梅俗了人；日暮诗成天又雪，与梅雪并作十分春"，算得上是极有情趣的赏梅诗。而陆游的咏梅诗："无意苦争春，一任群芳妒。零落成泥碾作尘，只有香如故"的吟唱，实为对南宋赵构偏安杭州的投降派的变节行为而痛心。元王冕的咏梅："冰雪林中著此身，不同桃李混芳尘；忽然一夜清香发，散作乾坤万里春"，又是多么高雅的赏梅精神啊！时至明清与民国，画梅之风亦盛，大多以写意为主，显得苍劲有力，还题写上"古梅如高士，坚贞不媚骨"，以示清高。

直到今天，在我们的心中，咏梅的精神仍在传递，如红岩歌剧的《红梅赞》最能表达人们对革命烈士的敬仰与怀念。当代领袖毛泽东的《咏梅·卜算子》，以乐观精神表达了"俏也不争春，只把春来报。待到山花烂漫时，她在丛中笑"之境界，何况还寄托对亲人与革命友人的怀念。

其实，梅花在江南人民眼中是很大众化的果树与花木，常见于公园与庭院。梅花冬春开放，淡雅素洁，还视为喜庆吉祥的象征。民间流传春联："梅传春讯，雪兆丰年"，"喜望红梅开，乐迎新人来"，"松高显劲节，梅老正精神"等，常用于迎春、迎新和祝寿场面。还有"喜鹊登梅图"悬挂客厅、厅堂，寄托喜庆吉祥，而书房或厅堂置有梅画亦见主人高雅与气质。过去，南方的女孩的名字喜叫"梅"，亦示文静有修养。

(3) 双国花的互补性强

目前，世界上有100多个国家已确立了国花。国花是国际通用的一张名片，以表达国家园林名花及其文化历史。当举办世界园艺博览会、国际园艺花卉展览或全国性花展，甚至在举办奥运会、亚运会时都可以根据需要悬挂国花图案，以感染气氛。如果国花缺失，则是一件遗憾或失礼行为。更何况我国是具有"园林之母"称号的国家，自1999年举办昆明世界园艺博览会以来，接着又举办了沈阳和西安两次世界园艺博览会，都表明我国现代园艺事业发展很快，可至今仍未确立国花是不应该的一件憾事。虽然，大多数国家采用单国花，但也有采用双国花的，如日本尊樱花和菊花为国花；印度尊荷花和菩提树为国花等，所以，中国采用双国花理念为国际上早有，且从我们实际需要出发。

中国幅员辽阔，花木资源丰富，从南到北跨越了热带（南亚热带）、亚热带和温带，拥有植物3万种，可视为园林花卉的有2千多种，传统名花卉有百余种。中国是一个古老国家，但是，中华民族的政治、经济和文化的发源地是位于黄河流域和长江流域，已占有大半个中国，并构成南北有别的两大区域的经济、文化历史格局。所以，目前无论从牡丹或是梅花两种植物生长特性和文化历史品味都有很大的反差，因此，不能排斥一方，只能互补，才算完美。

就历史而言，牡丹和梅花先后都做过国花。大唐时期，称牡丹为"国色天香"，实为国花之誉。1903，当时的清政府掌门人慈禧太后效仿外国敕定牡丹为国花，故1915年版《辞海》称我国向以牡丹为国花。1929年，当时的民国政府的外交部和教育部将梅花指定为国花，这也是孙中山建国初期的意愿。所以，"双国花"也符合海峡两岸的和平统一大业。鲁迅也曾深沉地说："中国真同梅花一样，它衰老衰败腐朽到不成样子，一会儿挺生一两条新梢，又回复到繁花密缀，绿叶葱茏的景象了。"这就是梅花精神。

这两种植物，一种是灌木，一种是乔木，它们的花期分别在4～5月的春末与初夏和1～2月的冬季与早春，在园林布局上可以互补。在花型花姿上，牡丹花大而雍荣华贵，可视为物质文明代表；梅花素洁高雅，重在气质，可视为精神文化象征。应该说，牡丹和梅花都是天生丽质，色、香、姿、韵俱佳，内涵丰富，尊为双国花，有极强的互补性，为众望所归。

国色天香　牡丹

关于双国花的排列顺序，不能含糊，需要明确。根据笔画少者在先，或以得票数多者在前均可。至于四季花则另外推选，不能与国花评选混同，因为，四季花评选更宽松些，只要花协会决定而不必上报人大审批。

二、四季花讨论与正名

在中华民族历史上和各地生活习惯上就有四季花的称呼，其中，春兰、秋菊、夏荷、冬梅即是，它们是物候标志，是农耕文化产物。其实，四季花何止这四种，应该扩大到多种传统名花，给予正名，有助于弘扬园林花卉欣赏力与花文化经济产业发展。我们在此提出12种传统名花作为四季花进行讨论，它

品格高洁的梅花

们分别是：兰花、桃花、山茶花、杜鹃花（春季花），荷花、月季、茉莉花、石榴（夏季花），菊花、桂花（秋季花），蜡梅、水仙（冬季花）。

1. 春季花

一年之际在于春，春天万物更新，人们对于春天，寄予未来与希望。在物候上，独花不是春，万紫千红总是春。所以，我们只把春兰当作春天的象征是不够的，更何况春兰幽香自秘，不为广大群众所察觉，其实，在我国南方或中原一带，山桃、山茶花和杜鹃花才是打扮春天的使者。以下就是兰花、桃花、山茶花和杜鹃花四种作为春季花来讨论之。

兰花（*Cymbidum* spp.）

可称国兰，别称草兰、春兰、蕙兰，为多年生常绿宿根性草本植物花卉。兰叶稀疏，花香自秘，偏得历代文人喜爱。孔子说过："芝兰生于幽谷，不以无人而不芳。君子修道立德，不以穷困而改节。"这位圣人的至理名言，确实成为后来仁人君子做人立格的准则。屈原在《九歌》中吟诵的"春兰兮秋菊，长无绝兮终古"。也是对兰菊的生长品性给予了高度赞美。东晋王羲之因喜欢绍兴诸兰山的兰花，而邀请名士在兰亭聚会，才写下了不朽的《兰亭集序》。

自唐宋以来，咏兰诗不知其数。李白诗云："孤兰生幽园，众芳共芜没；

若无清风吹，香气为谁发？"他以孤兰自比，有怀才不遇的感慨。宋、元、明、清时代咏兰大体一脉相承，吟兰芳香自爱或寄托清高情操。徐渭的《兰》诗："莫讶春光不属侬，一香已足压千红"，那才是绝妙的赞美。当代名人朱德、陈毅和张学良都是兰花爱好者。并养兰、赋诗。如朱德把井冈山兰花带到中南海栽种，且赋诗："井冈山上产幽兰，乔木林中共草蟠；漫道林深知遇少，寻芳万里几回看？"难得也！陈毅的"幽兰出山谷，本自无人识；只为馨香重，求者遍山偶"之诗句，对兰花赞美，有如求贤拜访。张学良的《咏兰诗》写得情真意切，视兰花为君子："芳名誉四海，花妍不浮华。花中真君子，风姿寄高雅。"春兰有其深厚的兰文化习俗，也是春季花的象征。

桃花（*Prunus persica*）

别名桃树、桃，为蔷薇科李属落叶小乔木。原产我国北部和中部，栽培历史悠久，上溯至商周，《诗经》里有"桃之夭夭，灼灼其华"之赞美。所以，桃花是我国传统果木和花木，既可观赏又可食果。如今全国各地保留有关桃源景地和桃花故事不少，如湖南的桃花县、台湾桃园县以及各地桃花岛，桃花村以及文化作品；如《桃花源记》、《桃花庵》、《桃花扇》和《桃花夫人》等。虽然桃花扇与桃花没有直接关系，但文学上喜欢用桃花情感作表达。

晋人的一篇《桃花源记》描绘了避乱的一个世外桃源，对中国文人处事和欣赏山水都产生了很大的影响。因此，在中国唐诗中也就借题发挥，如"寻得桃源好避秦，桃红又见一年春；花飞莫遣随水流，怕有渔郎来问津"。又如张旭《桃花溪》："隐隐飞桥隔野烟，石矶西畔问渔船；桃花尽日随流水，洞在清溪何处也。"这样的江南春色，就是诗人想象的桃花源。中国有踏青赏春的习俗，桃花是春天最美的使者，连春燕也忙着为桃花开放而归来！

桃花又是爱情象征，通常所为"桃花运"即此意。由此在民间也产生嬉戏的"桃色新闻"，这可能与桃花美丽、炽热易衰的特点有关，但不公平。刘禹锡有诗云："山桃花红满枝头，蜀江春水拍山流；红花易衰似郎意，水流无限似侬愁。"这样的闺怨赏花还是很美的。李白的："桃花潭水深千尺，不及汪伦送我情"之句表达了友谊。崔护的春游长安郊外门上题诗："今日去年此门中，人面桃花相映红；人面不知何处去，桃花依旧笑春风。"这是多么鲜活生动的而又充满惜别的爱情诗呀！再有白居易的《大林寺桃花》："人间四月芳非尽，山寺桃花始盛开；常恨春归无觅处，不知转入此中来。"如此，怀春、惜春，诗人的眼中惟有桃花才是春天的使者。

山茶花（*Camellia japonica*）

又名茶花、雪里娇、曼陀罗等，为常绿阔叶小乔木。全世界山茶花约有

300 种、云南 60 余种，可视为山茶王国。如今在云南的丽江玉龙雪山上，有一座玉峰古寺，有一株千年的"万朵茶花树"，花开万朵，呈双色，为园艺嫁接树，被国际专家称为"环球第一茶"，由此证明山茶花在我国栽种嫁接技术历史悠久。

山茶是我国传统名花，早在隋、唐时代已入宫廷，时至宋、明山茶的园林种植相当红火。苏东坡有诗云："山茶相对阿谁栽，细雨无人我独来；说似与君君不会，烂红如火雪中开。"陆游亦云："东园三日雨兼风，桃花飘零扫地空；惟有山茶偏耐久，绿丛又放数枝红。"山茶耐寒，早春开放，艳而不娇且耐久，喜得文人赞美。范大成曾以"门巷欢呼十里寺，腊前风物已知春"的句子来描写当时成都云寺山茶花的盛开情况。

山茶花又名曼陀罗花，现存的明清苏州拙政园里有"十八曼陀罗花馆"景区因旧时栽植名种山茶 18 株而得名。目前，我国山茶花观赏栽培类型主要有华东山茶、云南山茶和茶梅三个品系。山茶花是国际园林中研究得最为深入的一种花卉。2003 年，中国茶花文化园在金华建立并举办了国际荣花协会金华大会，有力地促进山茶花文化的国际交流。

山茶花姿丰盈、端庄高雅，非同一般，自古山茶花作为古建筑的门窗、桌椅、屏风上的装饰品被雕刻，显得美观与华贵。如今山茶花培育出很多名贵品种，红、白、粉、紫、黑色均有，不仅布置于园林中造景，而且制作盆景成为南北方庭园高档观赏花木。山茶枝叶繁茂、光亮、常绿，早春花开红艳，而久花，被誉为烂漫春天的使者。

杜鹃花 （*Rhododendron sinmssi*）

别名映山红，格桑花（藏语）、金达莱（朝鲜语）、清明花等，为常绿或半常绿灌木。杜鹃花产于亚洲，以我国为多，约有 530 种，主要集中在云南、西藏、四川和长江流域一带。其中，映山红分布最广，而云锦杜鹃，大白花杜鹃，滇南杜鹃花和大树杜鹃都有大面积的野生珍贵杜鹃，有极高的观赏性。近些年，西洋杜鹃引入中国栽种并与本地品种进行广泛杂交，培育出许多杂交种。现代杜鹃的园林品种有东鹃、毛鹃、西鹃和夏鹃四大类，花有单瓣，重瓣，而花色有红、紫、黄、白、粉等多种。花期可跨越冬、春、夏三季，仍以春季为主。

杜鹃花为我国传统十大名花之一，被誉为"花中西施"，它出于白居易诗："花中此物是西施，芙蓉芍药皆嫫母"。在诗人眼里，惟杜鹃花是最美的，而其它两种不过是丑妇罢了。当时白居易在九江做官，确是对庐山杜鹃的赞美太过，也由此奠定了杜鹃花的地位，映山红是南方最常见的一种杜鹃花，杨万里恰好给予这样的写照："何须名花看春风，一路山花不负侬；日日锦江呈锦样，清溪倒映映山红。"颂扬了映山红美丽质朴生于山间江边的顽强生命力。据查锦江河流在贵州，四川和江西境内均有，这里的锦江虽不清楚所指，但已不重要，因为它们几处都有杜鹃花分布。

杜鹃花不仅为中国人喜欢，而且也是世界名花。但是，在中国人眼里杜鹃花的美丽还有一种神话传说。相传周末蜀主杜宇舍不得深厚的臣民，灵魂化为美丽的杜鹃鸟，每当春夏之交声声呼唤，"布谷、布谷、布谷……"以致啼出鲜血，染红了杜鹃花，闻之凄婉动人。所以，南方农听到杜鹃鸟啼叫声，便知晓春春耕下种了，而山上的杜鹃花要开了。杜鹃花盛开于四月中上旬，正是清明扫墓时节，为清明扫墓者折枝杜鹃花寄托几分哀思。这样，人们把杜鹃花又叫做清明花。

综上所述，春兰生幽谷，不因无人而不香，它早已是文化习俗的春天。真正打扮祖国大江南北的春天的花朵是桃花（以及同类的山杏、梨、苹果、樱花等）、山茶花和杜鹃花，从公园、庭院到山野都开得那么炽热、壮丽。所以，我们把兰花、桃花、山茶花和杜鹃花四种一起作为四季花，那才显示出万紫千红总是春的面貌！

幽香自若的春兰

艳丽多姿的桃花

2. 夏季花

夏季天气炎热，太阳在北回归线上空来回，我国南北大部分地区接受辐射热量比较接近。这时的山野、农田以及园林正值"绿肥红瘦"之时，虽有一些花木花草在点缀，但不招人，惟有一年一度的盛夏荷花开放引起观赏热潮。荷花是公认的夏季花，仅此一种也会感到单一，我们很想把传统名花中的月季花、茉莉花和石榴列入夏季花壮大队伍，应该是合格的吧！

西施美人　杜鹃花　　　　　　　　烂漫的天使　山茶花

荷花 （*Nelumbo nucifera*）

别名莲、水芙蓉，为睡莲科莲属多年生水生植物。荷花原产我国，随农耕文化而发展，早在西周时，荷花在黄河和长江流域作为一种农作物被栽种，故《周书》中载有"薮泽已竭，既莲掘藕"之食用。春秋战国时，吴王夫差在太湖之滨修"玩花池"，植野生红莲供西施观赏，貌若西施，为后人所传诵。从此，苏杭和太湖一带种湖荷赏花、采莲及掘藕非常盛行，直至今天。

《采莲曲》是喜闻乐见的民间传统歌舞，它始于西汉时期的乐府歌辞。隋唐以后，有关荷花的诗词、绘画、雕刻工艺文化内容丰富多采，这都源于广大民间的食用性与观赏性的结合。自北宋理学家周敦颐的《爱莲说》写出了"出淤泥而不染，濯清涟而不娇"的名句，荷花便成为圣洁的君子之花，它的品格最得文人墨客的赏识。

古今赏荷，总会被荷塘景色所折服。杨万里的咏荷诗："毕竟西湖六月中，风光不与四时同；接天莲叶无穷碧，映日荷花别样红"，最脍炙人口，把西湖的夏日荷景写得十分鲜活，古今风貌不变。朱自清的《荷塘月色》散文又给人另一种意境："月光如流水般静静地泻在这一片叶子和花上。薄薄的青雾浮在荷塘里，叶子和花仿佛在牛乳中洗过一样，又像笼着轻纱的梦。"这是清华园里的荷塘月色（1927年夏夜），作者还联想到"采莲是江南旧俗，似乎很早就有了，而六朝时为盛；采莲少女荡着小船，唱着艳歌而去"。于是他又想起了梁元帝的《采莲赋》，是多么美妙的月夜赏荷情怀啊！由此可见，荷花古今在我国南北方均有广泛分布，真可谓"多情明月邀君共，无主荷花到处开"之貌。

荷花又是佛教圣花，深得佛教界的尊重。印度是佛教国既把荷花作为圣花又尊为国花。我国人民信奉佛教对荷花也很尊重，视荷花为佛的化身，特别是观世音菩萨塑造像总是端坐在莲花台上，或脚踏生莲之状。由于"荷"、"莲"与"合"、"联"谐意，在人们的文化观念中常以荷、莲、藕作为和平、和谐、友好以及圣洁象征。

月季（*Rosa chinensis*）

又名中国月季、月月红，是我国传统名花，也是世界名花，泛称 Rose。目前，中国月季，按照其来源及亲缘关系可分为三类：（1）自然种月季花，又称野生月季或野蔷薇，（2）古典月季花，即现代月季的早期杂交种品系构成了中国月季花，如月月红等品种，（3）现代月季花，则由国外品种反复杂交培育而成，新品种多样，将包括大花月季系（类似于玫瑰花），壮花月季系，微型月季系，蔓生月季系及地被月季系等。

我国自唐宋以来，因月季容易繁殖，适应性强，而花姿美艳，花期长，深得广大园林与百姓人家的栽种，而赢得到"花中皇后"的美誉。古诗云："天下风流月季花"，可见美貌出众；"只道花开十日红，此花无日不春风"，更点出了月季花的独特神韵，颇有民间俚语。宋代徐积《咏月季》有着更多的赞美："谁言造物无偏处，独遣春光住此中；叶黑深藏云外碧，枝头常借日边红。曾陪桃李开时雨，仍陪梧桐落叶风；费尽主人歌与酒，不教闲却买花翁。"月季又叫月月红，长夏盛开，但作者以夸大手法，从春开到秋而主人偏好歌酒，怎不忙煞卖花翁呢？

月季是大众之花，但又是高雅的，月季的文化艺术品早已渗入古建筑、绘画与衣物装饰之中。月季又是现代的，它在当今社会交往中，如探望病人送束月季，以祝康复；朋友间送月季以表友谊与爱情；还有国际友人送月季以示和平友好。2008 年北京奥运会颁奖花束用"中国红"月季 9 枝组成，以表示至尊荣誉。

如今月季花全国各地广为栽培，它不仅是北京市的市花，并且成为 50 个市的市花，可见人们对它的喜爱。为了弘扬月季文化，北京市自 2009 年开始，每年 5～6 月间在北京植物园举办"北京市月季文化节"，而有中国月季之乡的河南南阳石桥镇，于 2010 年开始，举办了第一届中国月季文化节。据知，月季在深圳也广为栽种，四季开花，多年来一直在春节期间举办月季花展，喜庆迎春。由此可见，月季在中国广大人民心中是最美的传统名花，她作为夏季花是当之无愧的。

茉莉（*Jasminum sambac*）

又名茉莉花、抹丽、香魂，为木犀利茉莉属常绿小灌木。枝条细长，叶互生，光亮卵形，聚伞花序顶生或腋生，3～5 朵簇生。花白色，香气浓，花期5～9 月。茉莉原产于波斯湾的阿拉伯国家、印度和我国西部。早在汉代有外来种引入我国南方栽种培育。目前，我国主要栽培品系有广东茉莉、金华茉莉和宝珠茉莉，其中宝珠茉莉花重瓣，花蕾如珠，花开如小荷，香气浓郁，视为珍品。茉莉花性喜温暖，宜于在长江以南的地方栽种，广东、广西、福建、江苏和浙江等省的民间百姓广为庭园栽种，并有插花、佩戴、赏花的习俗。

茉莉为夏季花。娇小的株形，花枝细长，团扇似地绿叶衬托着洁白芳香的花朵，总有天生丽质，香气袭人而生凉的感觉。真如宋人刘克农诗云："一卉能熏一室香，炎天犹觉玉肌凉"，这是十分传神的写照。据说，茉莉花的清暑作用而产生了茉莉香精的提取。在江浙一带，夏日摘取自栽的茉莉花置室内闻香消暑是一种习俗。如清人陈学洙的《茉莉花》诗所云："玉骨冰肌耐暑天，移根远自过江般；山唐日日花城市，园客家家雪满田。新浴最宜纤手摘，半开偏得美人怜；银床梦醒香何处？只在钗横髻发边。"陈学洙江苏长洲人，这里的山唐即是苏州的山唐街而今仍存，此诗比较细致地描写了茉莉花特征、种植、集市及妇人采摘插花的习俗。并由此在江苏民间生产的《茉莉花小调》是有生活源泉的。"好一朵美丽的茉莉花，芳香美丽满枝桠，又香又白人人夸，让我来摘一朵，送给别人家，茉莉花啊茉莉花。"曲调轻快优美，歌词喜悦动听。的确，茉莉花可称上品的夏季花。

石榴 (*Punica granatum*)

别名若榴、丹石、安石榴，为石榴科石榴属落叶灌木或小乔木长势健壮，幼枝呈四棱形，密生，顶端多为刺状。石榴原产伊朗、阿富汗等中亚国家，一般认为我国石榴汉时由张骞出使西域从安石国带回种植，因果实悬垂如瘤而得名。石榴传入我国后，即演化出不同品种。现在，我国南北方均有广泛栽种，以新疆叶城为最佳，云南蒙自、四川会理、山西临潼的甜石榴，安徽怀远的水晶石榴和南京的大石榴均为食果与观赏的好品种。而今常见的观花石榴品种有：月季石榴、重瓣红花石榴、白花石榴、黄花石榴以及玛瑙石榴，株型中等，花枝密集，不会结果或结实小果。石榴也是我国传统园林观赏树种，宜作庭院、公园点缀和制作盆景，据知故宫大殿之间的场地不种大树，只种石榴以供食用与观赏。石榴夏日繁花似锦，鲜红似火；秋日果实累累，华贵端庄；寒冬铁干虬枝，苍劲古朴。石榴果，籽粒饱满，晶莹透亮，多汁味美，甜中带酸，营养丰富，是人们喜爱的时令果实。

在中华民族的古老文化中，石榴是火红、吉祥、昌盛的象征，故有"榴孕百籽，多子多福"。唐代杜牧《题山榴》云："似火山榴映小山，繁中能薄艳中

出於泥而不染的荷花

清香淡雅的茉莉花

花中皇后　月季花　　　　　　　鲜红似火的石榴花

闲；一朵佳人玉钗上，只疑烧却翠中鬟。"突出了石榴花开红似火的场景，却染红佳人云鬟，极甚夸张之手法或有所指妇人喜插石榴花之状。元稹有诗云："绿叶裁烟翠，红英动日华；委作金炉熘，飘成玉砌瑕。"这恰似石榴春华秋实的美妙写照。然而，中国文学上有一句"拜倒在石榴裙下"的俗语，是指男性为美丽的女子所倾倒。这句俗语可查出处，它却表达了石榴花的美艳。石榴作为夏季花不仅有其广泛性而且有西北、西南地区为特色的季花。

3. 秋季花

我国大部分地区处于北纬 25～45℃，自 10 月之后，日照变短，天气转凉，最具代表性的中原地带和长江流域的气候渐入秋季。秋季是秋收季节，山野呈现出杂草枯萎，树头果熟叶黄，只有秋菊盛开，丹桂飘香。因此，我们把菊花和桂花当做秋季节令花是当之无愧的。

菊花（*Dendrantherma moriflorum*）

别名黄花、鞠、节华和秋菊等，为菊科菊属植物之总称。菊花为宿根性亚灌木或多年生草本植物。经长期人工培育，菊花品种很多，花型、花色亦多，花大而艳，具有很高的观赏性。菊花原产我国，栽培历史悠久，早在古籍《礼记·月令篇》中有"季秋之月，鞠有黄华"之句，用菊花开放指示月令。

谈论菊花之欣赏，首先提到屈原在楚辞中将"春兰秋菊"作为"香草美人"来赞美。当然，人们对东晋陶渊明过田园隐居生活所吟诵的"采菊东篱下，悠然见南山"的名句最津津乐道。从此便有了"岁岁黄花菊，千载一东篱"；"最爱东篱闲把酒，此种容得澹人看"之附和。东篱就成为陶渊明秋菊的代名词，故有"一从陶令平章后，千古高风说到今"，奉陶渊明为"菊花神"了。

自唐宋以来，咏菊诗甚多。但情趣大相径庭，借"东篱菊"怡情有，借"菊有正色"而咏志亦有。例如，唐代元稹的《菊花》诗云："秋丛绕舍似陶家，遍绕篱边日渐斜"；"不是花中偏爱菊，此花开尽更无花。"宋代苏轼的"荷尽已无擎雨盖，菊残犹有傲霜枝"之句，遂将菊花秋冬傲霜而立的品性呈现出来了。故后来便有"宁可枝头抱香死，何曾吹落北风中"，以及"离离丰骨傲霜寒，晚节谁知事更难"的人格化自吟自唱。

值得一提，中国有个重阳节赏菊的习俗，既是文人雅士的，又是民间的。据考重阳节九月九日，始于汉代盛于唐代，基本的内容是登高，佩茱萸，食菊饼，饮菊花酒。还要举行辟邪仪式。王维的《九月九日忆山东兄弟》诗："独在异乡为异客，每逢佳节倍思亲。遥知兄弟登高处，遍插茱萸少一人"，给予很好的印证。时至宋代重阳节逐渐变成赏菊，饮酒，赋诗活动，如"美人怜我老，玉手插黄花"，"儿童共遣先生醉，折得黄花插满头"之状，饮菊花酒意在辟邪。

明清时期，赏菊，咏菊之风亦盛，如李东阳的《杨妃菊》，"谁采繁花题上席，偶将名姓托唐妃，日烘花萼醮时雨，雨换华清浴后衣"，又如"百草竞春色，惟菊以秋芳"，"自计老年才思减，重阳过后不题诗"，都表达文人对菊的爱惜与赞美。清代与近代泼墨画菊，咏菊寄意者亦见真情，如李鱓的《竹菊图》题诗："自在心情盖世狂，开迟开早又何妨？可怜习染东篱菊，不想凌云也傲霜。"吴昌硕画菊浓墨洒脱，心存高远，题写"荒岩寂寞无俗情，老菊独自秋气新。登高一笑作重九，挹赤城霞餐落英"。这些诗画都传承民族文化思想。

在现代咏菊诗中，还得提及当代两位伟人毛泽东和朱德。早在1927年毛泽东写了《采桑子·重阳》词："人生易老天难老，岁岁重阳。今又重阳，战地黄花分外香。一年一度秋风劲，不似春光。胜似春光，寥廓江天万里霜。"诗人抒发了秋光胜似春光，星星之火可以燎原之豪情。朱德在1954年参观北京的一次菊展时写下一首《赏菊》诗："奇花独立树枝头，玉骨冰肌眼底收；切盼和平共处日，愿将菊酒解前仇。"老师在那时以博大胸怀愿与劲敌国民党在此握手言和，是不容易的。如今，每当秋风飒爽，菊花盛开，从首都北京到南国羊城以及大江南北，长城内外都是菊花竞放而且各地喜办菊展，更添娇艳。我们想没有哪一种花卉能像菊花那样高雅又大众化开放在全国人民心中。

桂花 (*Osmanthus fragrans*)

别名木犀、丹桂、仙树、月桂等，为木犀科常绿灌木或小乔木。桂树枝叶繁茂，叶对生革质光亮，秋季开花，米粒状黄色小花数朵簇生于叶腋间，芳香。桂花原产我国西南部喜马拉雅山区，印度、尼泊尔等国也有分布。现在，我国南方各省广为栽种，但以长江流域的浙江、江苏、湖北以及西南部的广西、四川为最多。

据史载，早在春秋时期的吴越国已有桂树栽种，且有饮桂花酒之说。桂花是一种长寿树种，千年古树尚存百余株，其中有两株是陕西汉中圣水寺的汉桂，相传为西汉开国功臣萧何所栽。目前，各地栽种的桂花大体有四类，即金桂、银桂、月桂和四季桂系，前三类均为秋季（9～10月）开花，而四季桂则会四季开花，但仍以秋季花为多，香气淡。

桂花为我国十大传统名花之一。秋光无限，中秋赏月、赏桂、吃月饼三者相连，形成了特有的桂花文化。中秋与古代历法有关，八月十五是一年秋季的中间，故称中秋。中秋节始于唐代，盛于宋朝，并把中秋明月当作团圆的象征。中华民族的嫦娥奔月的神话故事是美丽的，月宫里还有月兔、吴刚，桂树而由中秋月华沟通了天地人间之情。苏东坡在他的《水调歌头·中秋》词中给予了探寻的表白："明月几时有？把酒问青天。不知天上宫阙，今夕是何年。我欲乘风归去，又恐琼楼玉宇，高处不胜寒。"他欲借仙游而又不敢，只好叹息，"月有阴晴圆缺，此事古难全。但愿人长久，千里共婵娟。"这就是中秋拜月、赏月、赏桂的美好寄托。当代伟人毛泽东的《蝶恋花·答李淑一》一词，却借忠魂仙游得以实现，受到吴刚、嫦娥的热情款待，情形并茂，这无疑是一首革命浪漫主义的杰作。

杭州桂花栽植历史悠久，早在唐代白居易诗中就已提及："忆江南，最忆是杭州。山寺月中寻桂子，郡亭枕上看潮头，何日更重游？"他想像杭州古寺的桂花树可能来自月中桂子，岂不妙哉！李商隐的"昨夜雨池凉露满，桂花吹断月中香"和杨万里的"不是人间种，移自月里来；广寒香一点，吹得满山开"。这些诗句同出一辙，由此构成了赏桂和思乡望月的特有人文景观。杭州西湖是中秋赏桂的胜地，并提供舒适的赏桂场所。如今，每逢中秋，大江南北将沉醉于月桂飘香之中，大多花园都能赏桂，而广西桂林和浙江金华还建有桂花收购站和生产加工厂。

桂花在盛开时，可以采摘之。采下的桂花可制桂花酒，窨制桂花茶或制桂花糖糕点。桂花还可制取芳香油和浸膏，为高级名贵天然香料。桂花折枝，作为切花瓶插。合适的桂花折枝，不仅不损伤植株生长，反而有利于多发新枝，明年花更多。总上所述，菊花和桂花是当之无愧的秋季花，应该正名之。

4. 冬季花

我国冬季除小部分热带性气候外，而华南地区也有一定的冬季低温。北方以秦岭为界，使得中原气温变得比秦岭北部要温暖些，但冬季低温期较长，植物大多停止生长，唯有蜡梅例外，能孕蕾开放。我国冬季，只有四季分明的长江流域以及南部各省才有冬性作物生长和冬季花木开放，如梅花、蜡梅、水仙花、一品红、红掌、爆仗花、叶子花、木棉等。梅花和蜡梅是公认的亚热带地区的冬季花，而水仙球也成为南北方冬季习俗的最喜欢的室内水养观赏盆景。其它几种则属热带性植物，可在南亚地区栽种，但一品红和红掌已作室内盆景培养。梅花已评选为国花，她仍是习俗的冬季花，但不宜专门列于四季花了。所以，我们仅把蜡梅和水仙两种列于冬季花是适宜的，当之无愧的。

不惧风霜的菊花

为秋光飘香的桂花

蜡梅 （*Chimonanthus praecax*）

别名蜡木、腊梅、香木、黄梅花、唐梅等，为蜡梅科落叶灌木，是我国传统名花。蜡梅因瓣黄色似蜡质故得名或因隆冬腊月开放，又唤作腊梅，而今植物学统称蜡梅。我国文学诗画上所表达的梅花有时包括梅花和蜡梅两者，但也有分开的，其实，它们是不同科的两类植物。

蜡梅原产中国中部秦岭以南的山区，而今湖北、河南等省有众多培养基地，在鄂西及秦岭地区常见有分散野生树，而湖北神农架内已发现了面积达四千多亩的野生蜡梅，这是很珍贵的野生种质资源。蜡梅属有 6 种，均产中国，可视为"天然专利"。如今蜡梅经培育，其颜色有纯黄（蜡黄）、金黄、淡黄、紫黄，白色和杂色，品种已达 165 个之多。常见的观赏品种有素心蜡梅、馨口蜡梅、红心蜡梅和小花蜡梅等。河南鄢县的素心蜡梅最为名贵，花心洁白，浓香馥郁且因花开半张之美，故有"鄢县蜡梅甲天下"之誉。

应该说，蜡梅是中国传统最有特色的花卉，为冬季典型花木，一般以自然式的孤植或数株配置园林池阁，也可片植成蜡梅林。唐代李商隐把蜡梅叫寒梅，故写有"知访寒梅过野塘"之句。时至宋代，人们对蜡梅与梅花有所区别。宋人范大成《梅谱》谈到蜡梅时说：本非梅类，以其与梅同时，香又相近，色酷似蜜脾，故名蜡梅。蜡梅花香胜过梅花，所以，陆游有诗云："与梅同谱又同时，我为评香似更奇"，这里同谱概念不对了。杨万里咏《腊梅》"天向梅梢别出奇，国香未许世人知；殷勤滴蜡缄封印，偷被霜风拆一枝"。好一个滴蜡封印，被风霜偷拆才得香气，真是妙不可言。

赏梅各有情趣，例如，宋人卢梅坡《雪梅》诗："雪梅争春未肯降，骚人搁笔费评章，梅须逊雪三分白，雪却输梅一段香。"此雪梅之争倒底是蜡梅还是梅花已不重要了。另一位北宋诗人林和靖隐居杭州孤山，他写的《山园小梅》一直为世人所推崇，其中"疏影横斜水清浅，暗香浮动日黄昏"之句，堪称千古绝唱。

千百年来，人们对梅花的赞美，往往也包括了蜡梅，而蜡梅却被笼罩在梅花的影子中。2010 年 2 月中国武汉东湖梅花节举办，当然也包括了蜡梅，因为全国各地凡有梅园的地方都含有蜡梅园。近几年，上海嘉定外冈蜡梅基地兴建，规划面积 2 000 亩，蜡梅专家陈俊愉院士被邀观赏指导有感道："千百年来，我们亏待了蜡梅"，并为该基地题写"华东蜡梅第一园"。蜡梅虽不及梅花俏丽，但比梅花耐寒，香更浓。

据知北京香山卧佛寺天王殿前东侧有一株"二度梅"，为蜡梅，相传为唐代建寺时栽植，树高 4.6 米，冠幅 6.5 米，每年早春花开，清香袭人。现在，北京已有蜡梅在背风向阳露地栽种成功，另可作盆栽观赏。我们想在此将蜡梅与梅花分开作为中国冬季花，以此弘扬蜡梅文化历史。

水仙 (*Narcissus tazetta* var. *chinensis*)

别名中国水仙、金盏银台、天蒜、凌波仙子等，为多年生单子叶草本植物，属球茎花卉。水仙为我国传统十大名花之一，深受国人喜爱。水仙原产欧洲地中海沿海岸等地，而中国也有分布，但中国水仙是以法国水仙变种而命名的，它早在唐代初期引入栽培繁殖而成为优良的中国水仙品系。自宋朝至明清，江南沿海有几处自产水仙已得到史料记载，而今福建、江苏和浙江都盛产水仙，但以福建漳州水仙球为最佳。从瓣型分，中国水仙有二类栽培品种：一种为单瓣花，花冠青白，花萼黄色，花瓣 6 片，中间有金黄色的副冠，形成盏状，则称"银盏玉台"，亦称"酒杯水仙"花味清香，外观美观。另一种为重瓣花，花被 12 枚，称为"玉玲珑"，香味稍逊。如今，我们亦引进欧洲的黄花水仙，却不被国人所喜欢。

关于我国欣赏水仙的史料较其它传统名花要少些，早在唐代已列入名品，故有唐明皇赐虢国夫人（杨贵妃姐）水仙盆的传记。自宋代以后，以诗画写水仙的题材逐渐增多。传说明朝张光惠辞官回乡福建漳州在途中拾得水仙，并寄诗情传为佳话。"凌波仙子国色乡，湖上飘浮欲何往？岂愿伴我南归去，琵琶板下是仙乡。"这就成了漳州水仙引进的源头，有似神话，恰是文人墨客的一种想思寄托。

其实，我们民间关于水仙花传说的故事很多，常对乡间美貌女子以水仙花仙子相比。宋代杨万里对水仙花之神态美赞不绝口："韵绝香似绝，花清日未清；天仙不行地，且借水仙名。"明代杜大中有诗云："玉貌盈盈翠带轻，凌波微步不生尘；风流谁是陈思客，想像当年洛水人。"诗人在看到水仙美貌神态时却想到曹植赞美的洛神，含蓄之情，耐人寻味。水仙也是皇家喜欢的名花，清朝皇帝康熙对水仙情有独钟，每年冬季，他总在御案上摆上几盆水仙供玩赏。故有《见案头水仙花隅作》之诗："翠帔缃冠白玉珈，清姿终不污泥沙。骚人空自吟芳芷，未识凌波第一花。"看来康熙爱水仙胜过芳芷兰花了，纵观全诗的着墨评价，并不为过，为水仙花奠定了应有的名花地位。

中国水仙多盆栽水养，时在冬季，方法简单，它作为冬季盆花，置于书房几案、窗台、客厅装饰点缀，而今北京人民大会堂外宾室摆放几盆水仙花也见雅致宜人。我们生活在浙江杭州地区，每到冬季花鸟市场上到处有水仙花球出卖，为了使水仙球春节期间开放，提前一个多月买回几个水仙球，选圆形的或者椭圆形的水仙盆，置净砂或者石英砂，再添加小卵石装饰，每盆 1～2 个水仙球，在室内 10～15℃散射光下，从发根、抽叶到抽茎开花只需 35～40 天。当此，叶片青葱，花香扑鼻，笔者不禁吟诗道："青青素装插银花，水步轻盈立窗台；缕缕清香冲寒气，凌波仙子伴春开"之貌。

水仙生长习性和球茎的培育只限于我国东南沿海，但水仙球冬季室内水养盆花观赏可以遍及全国。既然水仙花是"十大传统名花"之一，应发挥它的作用，在此推选为冬季花是当之无愧的，非常合适的。

雪中怒放的蜡梅花

凌波仙子　水仙

附录Ⅰ 中国市花

    1. 牡丹：为洛阳、延安、菏泽、彭州、铜陵市市花；

    2. 梅花：为南京、武汉、无锡、泰州、淮北、梅州、丹江口、鄂州、南投市市花；

    3. 月季：为北京、天津、石家庄、郑州、青岛、咸阳、邯郸、商丘、开封、安庆、荆州、衡阳、德阳、南昌、长治、淮阴、常州、泰州市市花；

    4. 兰花：为绍兴、曲阜、龙岩、贵阳、汕头、保定、宜兰市市花；

    5. 菊花：为北京、开封、南通、张家港、太原、湘潭、中山、德州、彰化市市花；

    6. 杜鹃花：为长沙、娄底、井冈山、韶关、珠海、深圳、大理、嘉兴、余姚、巢湖、丹东、无锡、台北、新竹市市花；

    7. 山茶花：为重庆、昆明、武汉、宁波、金华、温州、景德镇、青岛、衡阳、龙岩、万州市市花；

    8. 荷花：为济南、济宁、许昌、肇庆、花莲、澳门特别行政区市市花；

    9. 桂花：为杭州、苏州、桂林、合肥、铜陵、黄山、马鞍山、泸州、老河口、南阳、信阳、台南市市花；

    10. 水仙：为漳州市市花；

    11. 白玉兰：为上海、连云港、东莞、新余、嘉义市市花；

    12. 木棉花：为广州、攀枝花、崇左市市花；

    13. 凤凰木：为汕头市市花；

    14. 桃花：为桃园市市花；

    15. 天女木兰：为本溪市市花；

    16. 红花羊蹄甲：为香港特别行政区市市花；

    17. 白兰花：为东川市市花；

    18. 海棠：为乐山市市花；

    19. 刺桐花：为泉州市市花；

    20. 木芙蓉：为成都市市花；

21. 含笑：为永安市市花；

22. 紫薇花：为徐州、盐城、贵阳、襄樊、咸阳、自贡、安阳、信阳、烟台、泰安、海宁市市花；

23. 杏花：为北票市市花；

24. 玫瑰：为沈阳、兰州、乌鲁木齐、拉萨、银川、抚顺、延吉、承德、佛山市市花；

25. 丁香：为哈尔滨、西宁、呼和浩特市市花；

26. 茉莉：为福州市市花；

27. 石榴花：为西安、合肥、新乡、驻马店、黄石、十堰、荆门、枣庄、嘉兴市市花；

28. 琼花：为扬州、台东市市花；

29. 迎春花：为鹤壁、三明市市花；

30. 金银花：为鞍山市市花；

31. 栀子花：为岳阳、内江、汉中市市花；

32. 紫荆：为湛江市市花；

33. 红花檵木：为珠海市市花；

34. 黄刺玫：为阜新市市花；

35. 瑞香：为瑞金、南昌市市花；

36. 朱槿（扶桑）：为南宁市市花；

37. 蜡梅：为鄢陵市市花；

38. 叶子花：为海口、厦门、深圳、惠州、江门、珠海、惠安、屏东市市花；

39. 鸡蛋花：为肇庆市、济宁市市花；

40. 百合花：为湖州、南平、铁岭市市花；

41. 君子兰：为长春市市花；

42. 芍药：为扬州市市花；

43. 仙来客：为青州市市花；

44. 大丽花：为张家口市市花；

45. 小丽花：为包头市市花。

附录 Ⅱ　世界国花

亚　洲

朝鲜国花——金达来

韩国国花——木槿

日本国花——樱花、菊花

老挝国花——鸡蛋花

缅甸国花——龙船花

泰国国花——素馨、睡莲

马来西亚国花——扶桑

印度尼西亚国花——毛茉莉

新加坡国花——万带兰

菲律宾国花——毛茉莉

印度国花——荷花、菩提树

尼泊尔国花——杜鹃花

不丹国花——蓝花绿绒蒿

孟加拉国花——睡莲

斯里兰卡国花——睡莲

阿富汗国花——郁金香

巴基斯坦国花——素馨

伊朗国花——大马士革月季

伊拉克国花——红月季

阿拉伯联合酋长国国花——孔雀、百日草

也门国花——咖啡

叙利亚国花——月季

黎巴嫩国花——雪松

以色列国花——银莲花、油橄榄

土耳其国花——郁金香

欧　洲

挪威国花——欧石楠

瑞典国花——欧洲白蜡

芬兰国花——铃兰

丹麦国花——木春菊

俄罗斯国花——向日葵

波兰国花——三色堇

捷克、斯洛伐克国花——椴树

德国国花——矢车菊

南斯拉夫国花——洋李、铃兰

匈牙利国花——天竺葵

罗马尼亚国花——狗蔷薇

保加利亚国花——玫瑰、突厥蔷薇

英国国花——狗蔷薇

爱尔兰国花——白车轴草

法国国花——鸢尾

荷兰国花——郁金香

比利时国花——虞美人、杜鹃花

卢森堡国花——月季

摩纳哥国花——石竹

西班牙国花——香石竹

葡萄牙国花——雁来红、薰衣草

瑞士国花——火绒草

奥地利国花——火绒草

意大利国花——雏菊、月季

圣马力诺国花——仙客来

马耳他国花——矢车菊

希腊国花——油橄榄、老鼠簕

北 美 洲

加拿大国花——糖槭
美国国花——月季
墨西哥国花——大丽花、仙人掌
危地马拉国花——爪哇木棉
萨尔瓦多国花——丝兰
洪都拉斯国花——香石竹
尼加拉瓜国花——百合（姜黄色）
哥斯达黎加国花——卡特兰
古巴国花——姜花、百合
牙买加国花——愈疮木
海地国花——刺葵
多米尼加共和国国花——桃花心木

南 美 洲

哥伦比亚国花——卡特兰、咖啡
厄瓜多尔国花——白兰花
秘鲁国花——金鸡纳树、向日葵
玻利维亚国花——向日葵
巴西国花——卡特兰
智利国花——野百合
阿根廷国花——刺桐
乌拉圭国花——商陆、山楂

大 洋 洲

澳大利亚国花——金合欢、桉树
新西兰国花——桫椤、四翅槐
斐济国花——扶桑

非 洲

埃及国花——睡莲

利比亚国花——石榴

突尼斯国花——素馨

阿尔及利亚国花——夹竹桃、鸢尾

摩洛哥国花——月季、香石竹

塞内加尔国花——猴面包树

利比里亚国花——胡椒

加纳国花——海枣

苏丹国花——扶桑

坦桑尼亚国花——丁香、月季

加蓬国花——火焰树

赞比亚国花——叶子花

马达加斯加国花——凤凰木、旅人蕉

塞舌尔国花——凤尾兰

津巴布韦国花——嘉兰

主要参考文献

包满珠.2011.花卉学 [M].北京：中国农业出版社.

柏永耀，党贵霞.1997.石榴栽培新技术 [M].北京：中国农业出版社.

陈定如.2006.红花羊蹄甲（红花紫荆、香港紫荆、洋紫荆）苏木科 [J].广东园林，28 (6)：68.

程广有，韩雅莉，李瑛，等.2004.木棉的组织培养和快速繁殖 [J].植物生理学通讯，40 (3)：337.

常金齐，王廷江，李振涛.2008.玫瑰栽培技术 [J].河南农业 (13)：41.

陈进友.2006.龙翅海棠的繁殖与栽培管理技术 [J].安徽农业科学，34 (19)：4919-4920.

陈榕生，梁育勤.2003.水仙花 [M].北京：中国建筑工业出版社.

陈祥，王洪娟.2011.优良的景观树种——鸡冠刺桐 [J].南方农业：园林花卉版，5 (5)：11-12.

程绪珂.1990.中国花经 [M].上海：上海文化出版社.

陈颖，王竹红，黄建，等.2010.杂色刺桐叶片上刺桐姬小蜂虫瘿的分布与抽样技术 [J].植物保护，36 (6)：45-49.

陈延惠.2003.优质高档石榴生产技术 [M].河南：中原农民出版社.

陈耀华.1999.温室花卉 [M].北京：中国林业出版社.

陈有民.2003.园林树木学 [M].北京：中国林业出版社.

曾朝晖，方灵元.2010.中国园艺文摘 [J].园林，26 (2)：101-102.

戴驰.2011.贴梗海棠盆景制作与养护技术 [J].现代农业科技 (23)：266-267.

杜凤国，刁绍起，王欢，等.2006.天女木兰的物候及生长过程 [J].东北林业大学学报，34 (6)：39-40.

杜凤国，刁绍起，王欢，等.2006.天女木兰的组织培养 [J].东北林业大学学报，34 (2)：42-43.

杜凤国，王欢，刘春强，等.2006.天女木兰群落物种多样性的研究 [J].东北师大学报（自然科学版），38 (2)：91-95.

杜凤国，王欢，刘春强，等.2006.天女木兰研究现状及保育对策 [J].西北师范大学学报（自然科学版），42 (6)：68-71.

段丽芝.2006.白兰花绵蚜虫的防治［J］.云南农业科技（3）：19.

董月朗.2010.木芙蓉栽培技术［J］.农村科技（7）：82.

戴志棠，林方喜，王金勋.1996.室内观叶植物及装饰［M］.北京：中国林业出版社.

范书萍.2007.野玫瑰栽培技术［J］.黑龙江农业科学（4）：125-126.

冯玉增，宋长治.2003.河南省石榴种质资源的研究［J］.中国果树（2）：25-28.

顾翠花，张启翔.2007.紫薇的繁殖栽培［J］.中国花卉园艺（10）：21-22.

关传友.2008.论海棠的栽培历史与文化意蕴［J］.古今农业（2）：67-74.

郭贵成.1982.怎样养花［M］.郑州：河南科学技术出版社.

国家药典委员会.2005.中华人民共和国药典（一部）［M］.北京：化学工业出版社.

管康林，吴家森，蔡建国.2010.世上最美的100种花［M］.北京：中国农业出版社.

甘丽梅，叶志勇.2002.观赏新树种——鸡冠刺桐的引种栽培［J］.福建热作科技，27（4）：18-19.

郭丽云.2006.不同处理对凤凰木种子发芽的影响［J］.广东林业科技，22（1）：36-38.

高咏莉.2004.HPLC法测定银黄制剂中绿原酸的含量［J］.中国中医药信息杂志，8（11）：705-707.

高柱，王小玲，汪洋，等.2009.木棉栽培技术研究进展［J］.江西科学，27（5）：761-766.

河北农业大学.1995.果树栽培学各论（北方本）［M］.北京：农业出版社.

郝丽娟，邵青玲.2006.不同杏品种的抗寒性研究［J］.山西果树（5）：3-5.

黑龙江省祖国医药研究所.1981.中国刺五加研究［M］.哈尔滨：黑龙江科技出版社.

郝丽娟，姚月俊，王智君.2006.杏品种花器官耐寒性的研究［J］.山西农业大学学报，26（4）：342-344.

黄玲燕.1985.花卉栽培学讲义［M］.北京：中国林业出版社.

洪跃龙，陈鑫辉，陈清智.2006.凤凰木的播种育苗［J］.林业实用技术（4）：25.

胡湛，周道均.2011.木芙蓉栽培管理［J］.中国花卉园艺（12）：39.

胡忠伟.2008.白玉兰繁殖［J］.新农业（3）：54.

金飚，周武忠，张洁，等.2004.琼花硬枝扦插技术研究［J］.江苏农业科学（2）：53-55.

贾蘩.2004.现代花卉无土栽培技术全书［M］.北京：中国农业出版社.

江军.2003.芙蓉新品种及栽培技术［J］.四川农业科技（9）：17.

姬君兆，黄玲燕，姬春.1999.菊花［M］.北京：中国农业大学出版社.

焦淑清，徐晶莹.2009.微波萃取红花羊蹄甲花红色素的研究［J］.食品研究与开发，30（4）：190-192.

李伯中.1983.怎样养含笑［M］.北京：中国林业出版社.

李纯，李洁维，蒋桥生，等.2007.桂林地区桃李种苗快速繁殖技术［J］.现代农业科技（10）：27-28.

李德美.2000.庭院花卉无土栽培［M］.北京：海洋出版社.

卢海啸，陈永红.2008.红花羊蹄甲抑菌活性的研究［J］.玉林师范学院学报，29（3）：
　　87-90.

刘海洋，倪伟，袁敏惠.2004.茉莉花的化学成分［J］.云南植物研究，26（6）：687.

罗建华，蒙春越，张丽丹，等.2007.茉莉花植物总黄酮的超声波提取及鉴别［J］.微量
　　元素与健康研究，24（5）：49-50.

李剑，李福寿，薛泽海.2009.木芙蓉扦插繁殖研究［J］.林业调查规划，34（2）：
　　131-133.

刘金.1993.赏花与养花［M］.北京：科学出版社.

梁静，王仲朗，张瑞宾，等.2006.木芙蓉种子萌发特性研究［J］.种子，25（6）：
　　41-42.

林黎明.1991.差示导数光谱法测定金银花及银翘解毒片中总绿原酸的含量［J］.中国中
　　药杂志，16（5）：282-284.

林娜，姜卫兵，翁忙玲.2006.海棠树种资源的园林特性及其开发利用［J］.中国农学通
　　报 22（10）：242-247.

刘师汉.1980.园林花卉［M］.上海：上海科学技术出版社.

李尚志，李国泰，王曼.2002.荷花.睡莲.王莲栽培与应用［M］.北京：中国林业出版
　　社.

刘伟.2005.天女木兰在园林绿地栽培的技术［J］.辽宁林业科技（2）：51-52.

赖小芳，王伯诚，陈银龙，等.2006.玫瑰海棠的养护［J］.新农村（8）：15.

陆秀君，徐石，李天来，等.2008.天女木兰幼胚离体培养及组织快繁［J］.东北林业大
　　学学报，36（3）：5-7.

林鑫，潘玉兴，刘洪珠.2008.食用玫瑰栽培技术［J］.北京农业（实用技术）（8）：
　　18-19.

刘燕.2003.园林花卉学［M］.北京：中国林业出版社.

梁亚丽.2011.白玉兰的大树移植技术［J］.城市建设理论研究（17）.

罗瑜萍，龚维，邱英雄，等.2006.羊蹄甲属 3 种园艺树种分子鉴定及亲缘关系的 ISSR 分
　　析［J］.园艺学报，33（2）：433-436.

梁冶宇，李其章，陆永跃，等.2011.深圳地区刺桐姬小蜂对不同刺桐种类危害程度调查
　　［J］.广东农业科学，38（15）：62-64.

李振坚.2004.球根秋海棠种苗培育和成品养护［J］.中国花卉园艺（20）：37-39.

刘珠琴，黄宗兴，陈婷婷，等.2009.海棠的观赏价值及栽培技术［J］.现代农业科技
　　（20）：132-133.

罗在柒.2007.铁十字海棠栽培与繁育技术［J］.林业实用技术（12）：48.

孟雪.2005.白玉兰的组织培养和快速繁殖［J］.植物生理学，41（17）：339.

马雪范，王谨，贺全红，等.2006.木瓜海棠引种栽培技术［J］.河南林业科技，26

（2）：45.

曲泽洲，孙支蔚.1990.果树种类论［M］.北京：农业出版社.

沈保成，张军.1999.石榴优质高产栽培新技术［M］.北京：中国农业出版社.

宋连芳，富玉，秦丽.2001.建立天女木兰资源保护区的探讨［J］.吉林林业科技，30
（2）：35-38.

孙卫明.2009.千年花事［M］.广州：羊城晚报出版社.

施振国，刘祖祺.1991.园林花木栽培新技术［M］.北京：中国农业出版社.

唐玉贵，陈尔.2008.10个木芙蓉品种在南宁的引种试验［J］.西部林业科学，37（4）：
80-82.

吴涤新.1994.花卉应用与设计［M］.北京：中国农业出版社.

王欢，杜凤国，杨德冒，等.2005.天女木兰硬枝扦插繁殖初步研究［J］.北华大学学报
（自然科学版），6（4）：352-354.

魏海良.2008.北方地区杜鹃花的栽培管理技术［J］.农业科技通讯（7）：195.

王海英，徐庆，樊高强，等.2009.变叶海棠的研究进展与应用前景［J］.中国农学通报，
25（23）：155-160.

王建东.2010.京津地区白玉兰绿化养护技术［J］.中国园艺文摘，26（5）：120.

吴立军，单征.1999.刺五加茎叶化学成分［J］.药学学报，34（4）：294-296.

王莲英，袁涛.2003.牡丹花［M］.北京：中国建筑工业出版社.

王丽斯.2010.观赏海棠的选择与繁殖［J］.河北林业科技（5）：84-86.

王平恒，龙高波.2009.高速公路羊蹄甲高位嫁接技术探讨［J］.中国新技术新产品
（14）：94.

王强.2003.如何提高白兰花嫁接成活率［J］.西南园艺，31（3）：45.

王其超，包满珠，张行言.1999.梅花［M］.上海：上海科学技术出版社.

王瑞灿.1987.观赏花卉病虫害［M］.上海：上海科学技术出版社.

王燕，柳小年，顾振华，等.2008.我国观赏桃花研究进展［J］.河北农业科学，12（6）：
24-26.

王意成，刘树珍，王翔.2002.名贵花卉与养护［M］.南京：江苏科学技术出版社.

吴应祥，吴汉珠.1999.兰花［M］.上海：上海科学技术出版社.

王忠.2005.植物生理学［M］.北京：中国农业出版社.

闻子良.1988.花卉栽培与药用［M］.北京：中国农业科学技术出版社.

王振师，许冲勇，曾雷，等.2005.黄金风铃木、鸡冠刺桐和雄黄豆的引种与栽培［J］.
广东园林，27（1）：33-35.

王振师，周丽华，曾雷.2002.鸡冠刺桐的扦插繁殖［J］.广东园林（3）：31-33.

许东生.2003.中国兰花栽培与鉴赏［M］.北京：北京金盾出版社.

解洪涛，杨承芬.2009.玫瑰栽培技术要点［J］.湖北林业科技（5）：70.

邢俊波，李会军，李萍，等.2002.中药金银花质量标准研究——总黄酮的含量测定［J］.

中国现代应用药学, 19 (3): 169-170.

肖莉. 2009. 白兰花盛花期的养护 [J]. 农业实用技术 (5): 53.

夏丽芳. 2003. 山茶花 [M]. 北京: 中国建筑工业出版社.

徐玲娜, 杨海波, 吴希杰, 等. 2006. 紫薇的繁殖栽培与应用 [J]. 农业科技通讯 (2): 53.

邢升清. 2002. 西府海棠盆景的造型与养护 [J]. 园林 (7): 48.

向晔. 2008. 木芙蓉栽培技术 [J]. 农村实用技术 (11): 43.

谢佐桂, 梁仟议. 2009. 凤凰木在深圳园林中的应用 [J]. 广东园林 (6): 54-56.

杨百荔, 陈棣, 陈于化. 2003. 月季花 [M]. 北京: 中国建筑工业出版社.

廷辉. 2008. 四季海棠的夏季养护 [J]. 农村实用技术 (5): 51.

郝洪波, 刘端明, 李明哲. 2007. 桃花品种育性及结果习性研究 [J]. 华北农学报, 22 (2): 118-121.

杨丽芳, 胡忠惠, 张晓玉, 等. 2002. 几个观赏桃品种在天津栽培的表现 [J]. 北方园艺, 20 (2): 90-91.

姚莉韵, 陆阳, 陈泽乃. 2003. 木芙蓉叶化学成分研究 [J]. 中草药, 34 (3): 201-203.

杨世杰. 2000. 植物生物学 [M]. 北京: 科学出版社.

袁涛, 赵孝知, 李丰刚, 等. 2004. 牡丹 [M]. 北京: 中国林业出版社.

晏晓兰. 2002. 中国梅花栽培与鉴赏 [M]. 北京: 金盾出版社.

尤扬, 杨立峰, 周建, 等. 2009. 白兰花秋季光合特性研究 [J]. 西北林学院学报, 24 (6): 24-27.

杨云广. 2006. 盆景奇葩—矮紫薇 [J]. 农村实用科技信息 (3): 14.

姚毓璆. 1984. 菊花 [M]. 北京: 中国建筑工业出版社.

张东杰, 冯昆, 张爱武, 等. 2003. 刺五加茶饮料抗疲劳作用的实验研究 [J]. 营养学报, 25 (3): 309-311.

中国科学院植物志编辑委员会. 1983. 中国植物志 (第52卷第2分册) [M]. 北京: 科学出版社.

中国科学院中国植物志编委会. 1998. 中国植物志: 第72卷 [M]. 北京: 科学出版社.

张宏, 陈颖, 董方言. 1997. 中药刺五加研究进展综述 [J]. 特产研究 (4): 31-33.

赵剑波, 姜全, 郭继英, 等. 2006. 桃的扦插繁殖技术研究进展 [J]. 北京农业科学, 28 (5): 14-17.

褚建民, 周凌娟, 王阳, 等. 2002. 白玉兰离体培养和快速繁殖 [J]. 防护林科技 (4): 29-31.

钟丽华. 2002. 白玉兰栽培技术 [J]. 云南农业 (4): 9.

张连生. 1984. 花卉病虫害及其防治 [M]. 天津: 天津科学技术出版社.

郑霹林, 徐辉丽. 2007. 木芙蓉的栽培管理和应用 [J]. 四川农业科技 (8): 38.

朱石金, 李平途, 叶树范. 2007. 茉莉花多糖的提取及含量测定 [J]. 海峡药学, 19 (6):

53 -54.

章守玉 .1982. 花卉园艺 ［M］. 沈阳：辽宁科学技术出版社.

臧小平，马蔚红 .2007. 木棉科观赏植物的主要特性、园林绿化应用与繁殖 ［J］. 南方农
  业（园林花卉版），1（1）：20 - 24.

曾一春，李立秋 .2007. 菊花生产栽培实用技术 ［M］. 北京：中国农业大学出版社.

赵元藩，温庆忠 .2009. 云南的木棉资源及其木棉产业 ［J］. 林业调查规划，34（3）：
  79 - 81.

张义君 .2004. 荷花 ［M］. 北京：中国林业出版社.

郑翊旻，陈颖 .2006. 木棉科的四种观赏树木 ［J］. 广东园林，28（5）：42 - 44.

张壮年，张颖震 .2009. 中国市花的故事 ［M］. 济南：山东画报出版社.

有关地方志和政府门户网站.

图书在版编目（CIP）数据

中国市花/哀建国，管康林编著 . —北京：中国
农业出版社，2012.11
ISBN 978- 7-109-17212-8

Ⅰ. ①中⋯ Ⅱ. ①哀⋯②管⋯ Ⅲ. ①花卉-介绍-
中国 Ⅳ.①S68

中国版本图书馆 CIP 数据核字（2012）第 227853 号

中国农业出版社出版
（北京市朝阳区农展馆北路 2 号）
（邮政编码 100125）
责任编辑 徐建华

北京中科印刷有限公司印刷 新华书店北京发行所发行
2013 年 1 月第 1 版 2013 年 1 月北京第 1 次印刷

开本：720mm×960mm 1/16 印张：12.25 插页：6
字数：212 千字
定价：30.00 元
（凡本版图书出现印刷、装订错误，请向出版社发行部调换）